知られざる中国の大飢饉

丁戊《ていぼ》飢饉《ききん》

高 京博 著

GAO JINGBO

南方新社

今まで精神的、経済的に支えてくれた最愛の父と母に本書を捧げます。

刊行にあたって

今からわずか一五〇年前、中国清朝末期の一八七六年から七八年にかけて、華北地方で大飢饉が起こった。一説では二〇〇〇万人が餓死したと伝えられている。三年連続した旱魃で、作物は一切収穫できず、人々は草や木の皮まで食べ尽くし、最後は泥を食べるほかなかった。

混乱に拍車をかけたのは、蝗害と呼ばれるバッタの大発生、さらには伝染病の蔓延であった。また、災害が深刻化した一因には政治的混乱もあった。一八四〇年から始まったイギリスとのアヘン戦争、一八五〇年代から六〇年代まで続いた太平天国の乱、それと同時に勃発した捻軍の反乱、イスラム教徒が蜂起した回民戦争。栄華を極めた清朝の統治能力は弱体化していたのである。

中国で「丁戊奇荒《ていぼきこう》」と呼ばれているこの大飢饉は、日本でほとんど知られていない。書籍も中国研究の専門書としてわずかに刊行されている程度である。

日本では江戸期の享保、天明、天保の三大飢饉が知られるが、それも死者数は数万〜数十万人の規模であった。

今、日本では、農業従事者が激減している。地方では耕作放棄地が増え、食料自給率は三〇%台である。温暖化による気候変動が危惧され、戦争の引き金ともなりうる軍備の拡張も進んでいる。歴史的にはつい最近隣国で発生した大飢饉が、この日本で起きないとは誰も断言できないだろう。

本書は、福岡県の西南学院大学に留学している高京博氏による修士論文をもとにしたものである。中国の若い研究者自らが日本語に翻訳した本書は、日本に暮らす私たちに警鐘を鳴らす貴重な一冊と言えよう。

図書出版南方新社　編集部

知られざる中国の大飢饉　丁戊飢饉《ていぼききん》——目次

序章　丁戊飢饉の先行研究と本書の構成について　15

第一章　丁戊飢饉の全容　29

第二章　丁戊飢饉による死者数　49

丁戊飢饉の起きた華北地方。本稿では山東省、河北省、河南省、山西省、陝西省を意味する。

知られざる中国の大飢饉　丁戊飢饉

序章　丁戊飢饉の先行研究と本書の構成について

一、先行研究と研究内容

一八七五～七九年の中国の華北では、[1]旱害と蝗害、疫病等が連鎖して発生し、未曾有の大災害が発生した。災害を発生させた主要な原因は旱魃である。全地域で発生した旱魃は各地で深刻な飢餓を引き起こした。この内一八七七年と一八七八年の被害が最も大きかったことから、災害後この二つの年の干支（丁丑と戊寅）の最初の文字をとり、この災害は「丁戊飢饉」と命名された。丁戊飢饉による死者数は甚大であり、当時大災害を目撃したイギリスバプテスト教会の宣教師であった Timothy Richard は一五〇〇～二〇〇〇万人と推測し、[2]W・W・Rockill は九五〇〇万人と推測している。[3]

一九世紀後半の中国は黄河や長江で頻繁に水害が発生しており、太平天国運動や捻軍の反乱と西洋列強の侵略にも晒されていた。丁戊飢饉は疲弊していた清国に大きな打撃を与え、災害後に清は西洋列強と日本の侵略を受け、半植民地にまで凋落した。

本稿は、中国の近代歴史に大きな影響を及ぼした丁戊飢饉の全容と、災害が発生した原因及び深刻化した要因について研究したものである。

丁戊飢饉の全般を研究した書籍の中で最も権威的なものは、何漢威の「光緒初年(一八七六-七九)華北的大旱災」である。同書には災害が発生した原因や現地の状況、政府の救済措置、その後の中国の災害対策に与えた影響等が纏められている。地方の風俗、地理、人口、歴史等が纏められた史料〝地方志〟、各省に常設された長官級の役職である総督と巡撫の報告書、当時在留していた外国人からの報告、政府の公文書、法律典範、新聞等が参考にされている。同書は内容の豊富さゆえに丁戊飢饉に関する研究を行う者にとって、最も参考になるものである。欠点は当時の史料をそのまま参考・引用していることである。一九世紀末の史料は以前の時代に比べ信憑性は高いが、穀物価格、救済物資数、被害者数等の数値は当時の情報・技術不足等により正確性は高くない。現在学界では、歴史の史料における正確性が検証されているが、未解明の部分は未だに多い。

一九世紀の中国は動乱の時代であった。[4] そのため、現在丁戊飢饉のみを対象とした書籍は多くない。一九世紀の災害史に関する代表的な著作には李文海らの「中国近代十大灾荒」があり、丁戊飢饉を物語的な語り方で説明しており読みやすく、災害の概要を把握するのに適している。ただその内容の多くは何漢威の研究を引用している。[5]

丁戊飢饉に関する論文はこれまで多数発表されている。康沛竹の「晩清時期対灾因中社会因素的認識」、夏明方の「从清末灾害群発期看中国早期現代化的歴史条件—灾荒与洋務動研究之一」は丁戊飢饉が、その後の国内政治に与えた影響を研究したものである。一方、董伝岭や張恩[6]、韓暁彤はミクロ的視点から研究を行い[7]、山東省での災害が村社会の人々に与えた影響と、河南省で行われた民間の救済活動が明らかにされている。

丁戊飢饉は一九世紀に中国で発生した最も過酷かつ悲惨な災害であるため、関連する研究で被害にあった地域の天候地理、災害対策、当時の現地情勢等多くが明らかになる。そのため近年研究が盛んに行われるようになってきている。

災害がもたらした被害に関する研究（死者数に関して）

丁戊飢饉が終焉すると、すぐに国により被害状況の調査が実施された。しかし地方の行政組織であった保甲制度が崩壊したため、調査は困難を極めた。

調査はあやふやな情報を多く採用せざるをえず、特に死者数はその膨大な数ゆえに推測の部分が多かった。表1は災害が終結した後、国外機構と人員により発表された死者数である。彼らは災害時実際に現地で救済活動を行っていたが、その情報は活動していた地区以外は推測によるものが多い。

「益聞録」は、一八七九年にフランスカトリック系の組織が上海で創刊した新聞である。創刊時期から考慮すると、新聞社が災害時現地で調査していないのは明らかである。そして情報源も示されておらず、信用性は極めて低い。Timothy Richard は当初山東省で宣教を行っており、現地の状況は確認できてい

表１　国外機構と人員による丁戊飢饉の推定死者数　人口単位：万人

推測者	死者数
「益聞録」	130
Timothy Richard	1,500〜2,000
救済委員会	900〜1,300
A・P・Happer	1,300（前）　1,700（後）
H・B・Morse	1,000
W・W・Rockill	950

（出所）李文海（1994）「中国近代十大災荒」、98 頁及び李文治（1957）「中国近代農業史資料」第一巻、736 頁。

た。その後彼は被害が最も深刻であった山西省へ赴いた。表１の死者数は彼が後に執筆した"Five Years in China"に記載されたものである。しかし彼が救済活動を行った地域は被害地域の一部に過ぎず、著作では一地方の被害状況から全体の状況を推測した記述が多い。救済委員会の推定はその根拠となる資料を見つけることはできなかった。しかしこの数値を信用する研究者もいる。A・P・Happer による数値も根拠となる資料が発見できなかった。[8]

H・B・Morse はアメリカ長老会教会の医者であり、死者数に関する情報は上海の救済委員会からのものと言明している。[9] ただ救済委員会の情報は、その多くが民衆からの聞き取り調査によるものである。これに対し丁戊飢饉の研究者である王士達は、旅行者が路上で見たことによって得た情報や、現地の郷紳（地方の有力者）の報告は主観的であるため、正確性に欠けていると反論している。[10]

W・W・Rockill の数値は児童の死者数が計算されていない。[11]

近年の研究で有名なのは曹樹基によるものである。[12] 史料批判と統計学が使われており、[13] 山西省と河北省のみで合わせて二〇〇〇万人以上の死者が発生したとなっている。その方法と問題点は本書の第二章で説明する。

被害程度と死者数が未だ判明していないことは、丁戊飢饉の規模とその影響が判明していないことをも意味している。これは近代中国史の研究において大きな障害であるが、問題が解決するまで未だ暫くの時間が必要である。

地方志における研究

歴代王朝は地方の状況を把握するため、官員に地方の風俗、地理、人口、歴史等を纏めた史料を作成するよう命令していた。このような史料を〝地方志〟と呼ぶ。丁戊飢饉後作成された地方志は、人口数等精密な調査が必要な分野では不正確な所が多かったが、民衆の生活形態や現地の社会情勢等は詳しく記載されていた。

中国の歴史を研究するときに地方志を使用する研究者は多い。董伝岭は丁戊飢饉が山東省の農村社会と住民に与えた影響を研究したが、それは地方志に記載されている住民の身長とその変化、現地の科挙の合格率、災害後現地で発生した反乱数等を参考にしている。[14] また災害後の小作人数の増加から、貧困層が増加したことも的確に推測している。ただその後の歴史に与えた影響については考察されていない。

段然は丁戊飢饉によって経済的に没落し、乞食化した人々を研究対象としているが、同じく地方志を参考にしていた。段は各乞食の異なる生活方法から、彼らの置かれた状況と心理状況を考察している。[15] 地方志の内容は豊富であるが、主観的な情報が多く正確性に問題がある。中小地域に関する情報は省いていることもある。

二、丁戊飢饉の発生した原因と深刻化したことに関する研究

旱魃は丁戊飢饉を引き起こした主な要因である。元々華北は降雨量が少ない地域であるが、丁戊飢饉が発生した期間では旱魃が四年間途切れることなく続き、農作物は壊滅的な被害を受けた。異常気象が発生した原因についてはは未だ特定されていない。しかし藏恒範と王紹武は、一九世紀中頃から二〇世紀後半までに発生したエルニーニョ現象とラニーニャ現象を統計し、その結果丁戊飢饉発生時には地球規模のエルニーニョ現象が発生していたことを証明している。[16] エルニーニョ現象と華北の気候の関連性については本稿第三章で解説している。

華北各省の総督と督撫の報告には、異常気象が収穫にもたらした影響が詳細に記載されている。それが民衆の生活に与えた影響については、王業鍵と黄瑩珏の「清代中国气候変迁、自然灾害与粮价的初步考察」のように、丁戊飢饉時の穀物価格を研究した論文がある。[17] 丁戊飢饉の被害が深刻化した原因については、これまで多数の学者が研究を行っており、様々な点から考察されている。

人為的要素を研究したものにには、金麾の「清代人类活动対森林的破坏」[18] や、何清漣の著作である「人口:中国的懸剣」[19] 等がある。これらはその論文の一部か全体において、当時の人口増が過度の開墾を引き起こし、その結果華北の自然生態系が破壊され、丁戊飢饉とその後発生した自然災害の被害を甚大化したと

結論付けている。

中国の人口は清朝初期から中期に急速に増加するが、それは一四世紀に国外から流入し、栽培され始めた新大陸の作物の貢献によるものであった。特に玉蜀黍（トウモロコシ）はそれまで農耕が難しかった山地でも容易に栽培できたため、山地の植生の破壊が促され平地での洪水頻発につながった。金麾の論文は、過度の開墾と天井川の形成、水資源の減少、砂漠化と流砂の関連性を説明している。

災害が発生する数年前の華北では大規模な洪水が頻繁に発生し、広範囲の地域で深刻な被害があった。この水害と丁戊飢饉の関連を研究した学者は未だ多くない。発生した水害のうち、影響と被害が最も大きかったのは、一八五五年の黄河流域変動である。これは河南省蘭考北岸の銅瓦廂一帯の堤防が崩れたのが原因であった。これにより元々河南省から江蘇省へ流れていた黄河は、山東省を経由し渤海へ注ぐようになる。結果河南省と山東省の黄河流域付近の地域では、長期間（丁戊飢饉以降も）洪水と田畑の浸水に襲われ、収穫の減少と資源の消失に悩まされた。そしてこの地域の丁戊飢饉の被害は省内の他地域より大きかった。

銭宁はこの災害の原因と経過に関する研究を行っている。[20] 銭宁は流砂の堆積と黄河の特性等、自然科学の視点から分析することにより決壊した原因を探った。賈国静も同じ内容の研究をしているが、彼は治水担当官員らによる工事監督に主な問題があったと考えている。論文では、本来行われるべき工事が官員の汚職と怠惰により蔑ろにされたことが、流砂の堆積と堤防の弱体化に繋がったとしている。[21] 当時の官員の権限は極めて大きく、彼らの決定は災害の被害の程度を作用するほどでもあった。現在丁戊飢饉の被害が甚大化した原因は、異常気象のみならず多くの人為的要素があったと、多くの学者が認識している。[22]

災害の深刻化したことに関する研究（人口学・マルサス主義の観点に基づくもの）

本章前項で説明したように中国の人口は清代で急激に増加し、一八五〇年には約四・三億人にまで増加していた。[23] 人口の急激な増加は、過度な開墾、無産市民の増加、貧富の格差の増大等をもたらし、乾隆帝統治時代の後期から社会不安が急速に膨らみ始めていた。人口増加に貢献した新大陸からの作物、玉蜀黍、甘薯、馬鈴薯等は、本来耕作に適しない土地を農地化させ、結果食糧生産量は大きく増加した。しかし当時の食糧生産量が人口を十分養えていたかについては未だ議論が続いている。

曹樹基は、一九世紀後半の時点で当時の食糧生産量は既に人口を十分に養えなくなった、と主張する学者の代表である。曹は中国の歴史は、通常期（死亡率低下）、繁栄期（人口増加率上昇）、動乱期（死亡率上昇）と人口増加率と死亡率が一定のサイクルで変動していることに注目し、繁栄期から動乱期に移行する時に、人口は往々にして頂点に達していると指摘した。そして宋代にベトナム南部原産の収量の多い早生品種である〝占城稲〟が普及し、その後新大陸の作物も普及したにもかかわらず、その後発生する災害が極めて大量の人口を減少させるのは、マルサスの罠に陥っていたことの証拠だと考えた。結論として、中国の歴史上食糧生産額が人口増加に追い付いたことはないとしている。丁戊飢饉については、災害が発生した直接的原因はエルニーニョ現象による大規模な異常気候によるものであるとしているが、その被害が甚大化した原因は食糧と人口の不均衡によるものだとしている。[24]

一方、一九世紀に中国は既にマルサスの罠から脱け出していたと主張する学者もいる。李中清と王丰は、中国の人口増加は一人当たりの食糧生産量が増加し続けた証拠であると考えている。[25] Dwight H.Peyrkins の「中国農村的発展、一三六八～一九六八年」や李伯重「江南農業的発展（一六二〇～一八五〇）」の研究結果をその根拠としている。Peyrkins と李は共に中国の歴代王朝が農本主義を採用していたことに注目し、中国の農業技術の発展速度と水準はどの時代においても、他国より高水準であると見ている。いずれの時代でも中国の人口は他国より遥かに多く、幾度の災害に見舞われても急速に回復したことは、食糧生産量が増加を続けていたことを示しており、丁戊飢饉等の災害で人口が幾千万人失われても、中華人民共和国建国時には人口が五億人まで上昇したことも、その根拠の一つとしている。[26] 各王朝で必ず発生する急激な人口減少は外敵の侵入と国内政治の混乱による内乱によるものであり、それは統治組織が（広大な国土面積故に）問題に対処しきれなかった結果であるとした。

李中清と王丰の見解に対し曹樹基は、両者が主張している食糧生産量の増加は認められるものの、一人当たりの食糧生産量は人口増加期においては減少しており、民衆の生活状況は悪化していると反論している。根拠として John Lossing Buck の研究結果をあげており、それには二〇世紀初頭、江南農民のエンゲル係数が上昇していることが示されている。[27] 丁戊飢饉後、中国が戦乱状態に陥っても人口が増加し、現在人口が一三億人までに達したことについては、全国規模で行われた農業改革（化学肥料、農薬、機械化）と抗生物質に代表される先進医学の導入の結果であると反論している。[28] 深刻な災害後でも人口が回復したことについては、ペスト後の欧州も人口は回復しているため、人口増加と食糧生産量の増加には関連性は低いと反駁している。そして現在の中国では月平均収入が約一〇〇〇元の国民がまだ六億人もおり、エンゲル係数は先進国と比べ依然高いことから、[29] 現在に至ってもマルサスの罠は克服されてはいないとの結論を出した。

現在、関連した議論が依然続いているが結論は未だ出ていない。主な原因は、過去の中国では度量衡の単位が一致していなかったからである。規定単位は存在していたが、中央から離れた地方や村落では異なる単位の度量も使われており政府も黙認していた。そのため研究者によって異なる食糧生産量が算出され、前提と見解が一致しないことが議論の妨害になっている。

災害の深刻化に関する研究（政治・社会）

当時の政治と社会事情が災害に及ぼした影響に関する研究は、政府の腐敗と事前に発生した内乱を対象としたものが多い。政府の腐敗は主に災害対策に関連するものを指す。

中国では殷商時代から災害対策が行われていた。最初期では災害を天からの懲罰と考えており、主に祈祷が行われていたが、春秋時代になると農業を研究し論ずる集団（農家）が現れ、実務的な対策を論じた農書が多数書かれるようになる。明清までには徐光启の「農政全書」や「授時通考」等、これまでの農業全般の技術の集大成である書物が書かれ、災害対策関連の技術も極めて高い水準に達していた。そのため諸列強の侵略により国家の地位が没落し、中華文明の優越性に人々が疑問をもつまで、（本国の）災害対策は優秀であると国民は認識していた。

清朝滅亡後の中華民国時では、それまでの歴史に対して改めて考察が行われた。鄧雲特は、災害学において特に優れた業績を残した学者の一人であり、彼は史料に記載された災害数を改めて統計し、それまで低く評価されていた野史も活用することにより、肯定的に評価されてきた災害対策の問題点を明らかにした。そしてその実質的な効果を疑問視し、それが時に弊害をもたらしたことを証明した[30]。清代に行われた災害対策を研究したものには、谷文峰等の「清代荒政弊端初探[31]」、呂美頤の「論清代販灾制度中的弊端与防弊措施[32]」、康沛竹の「清代倉蓄制度的衰敗与飢荒[33]」等があるが、いずれも対策そのものの問題点を指摘している。

上述の研究者はいずれも、（清の乾隆帝時代以降）官員の汚職や腐敗が進むと共に災害数も増加し、被害も深刻化していたことに着目している。研究の結果、実際多くの災害対策は有名無実化していた事実が明らかにされた。当時の政策の効果は、執行者である官員により大きく左右されていた。官員の腐敗は、防げていたはずの災害を発生させ、被害を深刻化させた。そして丁戊飢饉時の災害対策は、混乱と効率の低下により被害を甚大化させた。

事前に発生していた内乱とは、華北の山東、河南、陝西省で発生していた数十万を擁する捻軍による大規模な反乱と、陝西省、甘粛省、新疆省で発生していたイスラム教徒の回民戦争を指す。回民戦争がもたらした影響は、曹樹基の「中国人口史[34]」や劉仁団の研究で詳しく分析されている[35]。両動乱とも甚大な被害をもたらし、それは丁戊飢饉に勝らぬとも劣らぬほどであった。

三、本書の構成

第一章では、丁戊飢饉時の華北各省の状況と災害を説明している。華北を省ごとに分けて説明しており、被害程度をより詳細に説明することに努めた。第二章では、災害による死者数を説明している。災害の被害は多方面に及ぶが、丁戊飢饉は死者数が他の災害に比べ突出しているため、これを主な研究テーマに据えた。ただ正確な死者数を推算することはその複雑性と内容の膨大性ゆえに、本稿の内容範囲から逸脱するため行っていない。これまでの各先行研究の内容を説明し、その推測結果の妥当性の考察にとどめている。第三章では、災害を招いた直接的原因である旱魃の発生原因とそれがもたらした影響を説明している。華北で旱魃が発生するパターンとそれが深刻化する要因について説明し、農作物に与えた影響に関する研究を纏めた。丁戊飢饉による人的被害の主な原因は食糧不足による餓死であるからである。第四章では災害による被害が深刻化した原因について環境と人為的側面から考察を行い、その結論を纏めた。結論としては、災害が深刻化した原因には人為的要素が多数含まれ、その影響が最も大きいということである。終章では、主に本研究の一部不足したところの補完と丁戊飢饉の道徳的意義を纏め、私たちに託された義務を書き記した。

本書は漢文で書いたものであるが、日本で出版するに当たり筆者自身が翻訳した。

注

1 本稿では山東省、直隷省（現在の河北省）、河南省、山西省、陝西省を意味する。
2 Timothy Richard（年不明），"Forty-Five Years in China"，一三五頁。
3 王士達（一九三二）「近代中国人口的估計」「社会科学雑誌」第二巻 第一期、七八頁。
4 太平天国運動、陝甘地区の回族動乱は、いずれも丁戊飢饉に劣らぬ被害を発生させ、自然災害も頻繁に発生していた。
5 李文海 程歗 刘仰東 夏明方（一九九四）「中国近代十大灾荒」上海人民出版。
6 董伝岭 張思（二〇〇九）「晩清山東的官販救荒」史学集刊 第二期。
7 韓暁彤（二〇一八）「清代河南慈善机构研究―以养濟院、普濟堂为例」修士学位論文、河南省：鄭州大学。
8 曹樹基（二〇〇五）「中国人口史、第五巻下」復旦大学出版、六五〇頁。
9 王士達（一九三二）前掲書、七八頁。
10 曹樹基（二〇〇五）前掲書、六五〇頁。
11 王士达（一九三二）前掲書、七八頁。
12 丁戊飢饉の死者数は曹樹基の学生である劉仁団が、教授の監督と指導下で書き纏めている。
13 曹樹基（二〇〇五）前掲書。
14 董伝岭（二〇〇四）「晩清山東的自然灾害与郷村社会」修士学位論文、山東省：山東師範大学。
15 段然（二〇一一）「晩清灾荒中的乞丐問題―以丁戊奇荒为中心的考察」修士学位論文、河北省：河北師範大学。
16 藏恒範 王紹武（一九九一）「一八五四―一九八七年期間的埃尔尼諾与反埃尔尼諾事件」海洋学報 第一三巻 第一期。
17 王業鍵 黄瑩珏（一九九九）「清代中国气候変迁、自然灾害与粮价的初步考察」中国経済史研究。
18 金麾（二〇〇五）「清代人类活動対森林的破坏」修士学位論文、北京：北京林業大学。
19 何清漣（一九八八）「人口：中国的懸剣」四川人民出版社。
20 銭宁（年代不明）「一八五五年銅瓦廂決口以后黄河下游歴演変過程中的若干問題」黄河史研究、北京：清華大学。
21 賈国静（二〇〇九）「天灾還是人禍―黄河銅瓦廂改道原因研究述論」開封大学学報 第二三巻 第二期。

22 李冰（二〇一一）「中原大飢荒与郷村社会」修士学位論文、安徽省：安徽師範大学。
呉榜蓓（二〇〇八）「旱魃為虐、善与人同―「申報」有関丁戊奇荒的報道研究」修士学位論文、上海市：華東師範大学。

23 姜涛（一九九三）「中国近代人口史」浙江人民出版社、四一一頁。

24 曹樹基（二〇〇五）前掲書、八六九頁。

25 Dwight.H.Perkins　宋海文等訳（一九八四）「中国農業的発展（一三六八～一九六八）」上海訳文出版社。

26 李伯重（二〇〇七）「江南農業的発展（一六二〇～一八五〇）」上海古籍出版社。

27 John Lossing Buck　張履鸞訳（二〇一五）「中国農家経済」山西人民出版社。

28 曹樹基（二〇〇五）前掲書。

29 http://cpc.people.com.cn/n1/2020/0528/c64094-31727942.html（2020/3/1 閲覧）、人民网、中国共産党新聞。

30 鄧雲特（二〇一一）「中国救荒史」商務印書館。

31 谷文峰　郭文佳（一九九二）「清代荒政弊端初探」黄淮学刊（社会科学版）、第四期。

32 呂美頤（一九九五）「論清代販災制度中的弊端与防弊措施」河南省：鄭州大学学報（哲学社会科学版）第四期。

33 康沛竹（年代不明）「清代倉蓄制度的衰敗与飢荒」中国人民大学清史所。

34 曹樹基（二〇〇五）前掲書。

35 刘仁団（二〇〇〇）「光緒初年大旱災対北方人口的影響」修士学位論文、上海市：复旦大学。

第一章　丁戊飢饉の全容

一、災害の始まり（一八七五年）

丁戊飢饉はその災害範囲の広大さと膨大な被害者数ゆえ、中国の歴史上最も深刻な災害の一つと見なされている。主な災害地域は被害が大きい順に、山西、河南、陝西、直隷（現在の河北省）、山東省であり、[1]江蘇北部、安徽省北部、四川省北部も影響を受けている。

以下は李文海による被災状況の説明である。

……当時の清朝全人口の五〇％に及ぶ一億六〇〇〇万～二億の人々が被害を受けた。諸説はあるものの、飢餓と疫病により死亡した人は最低でも一〇〇〇万人にのぼり、災害が激しかった地域からは二〇〇〇万人以上が流出した。[2]

丁戊飢饉が始まった一八七五年は、まず河北省、河南省、山西省、陝西省で激しい旱魃が発生した。当時の状況は河北省総督であった李鴻章の書信に記載されている。

去年南北の地域にて飢饉が見られたが、河南省と山西省が特に激しかった。その区域の広さ、被災者の多さは、実に二〇〇年以来（清朝開闢以来）初めてみるものである。[3]

「清史稿」の〈夏同善伝〉や、譚嗣同の「刘云田伝」にも同じような内容の文章が残されている。[4] 河南省は一八七三年から連年激しい洪水があり、陝西省では〃陝甘回変〃という大規模な内乱が同年に終息したばかりで、両省内は未だ混乱状態にあった。そして黄河の大規模な流域変動は河南省と山東省で年々水害を発生させ、河北省では永定河が頻繁に氾濫していた。水害が発生した地域は農地の多くが荒れ地となり、現地の収穫量は低迷していた。捻軍による戦乱も河南省で発生しており、その影響は一時河北省まで及んでいる。

二、深刻化する災害（一八七六年）

一八七六年の旱魃はより激しく災害の規模と影響もより急速に広がり始める。その影響は華北以外の地域に及ぶようになった。

一八七二年にイギリス人が上海で創刊した「申報」の三月一〇日の紙面には、当時の河北省の被災状況が報道されているが、以下はその内容の一部である。

去年（一八七五年）の直隷省（現河北省）は降水が著しく少なかったため、土地は干上がり亀の甲羅のようなひび割れが発生している。風が吹けば砂が直ちに巻き上がり、目を閉じねばならぬ程である……。麦は皆枯れ、残存しているものも萎れそうである。……春に麦の播種を行おうと試しても、旱魃により行うことができない……。[5]

李鴻章によって書かれた文章によると、河北省の前年冬から春までの降水量は例年に比べ遥かに少なく、春麦の収穫は大きな打撃を受けた。[6]春の播種ができた土地は極一部であった。七月初めに旱魃は和らいだが、その後豪雨が襲ったため、収穫は例年の半分程度しかなかった。[7]

李鴻章は現地の旱魃の深刻さを、深い憂慮をもって朝廷に伝えている。政府は急ぎ外省から食糧を移入し始めたが、王金香の研究によると、その額は一万四六〇〇石に上るとされる。[8]常平倉と名付けられていた災害用の食糧貯蔵庫に設置されていたが、旧暦閏五月初六日の李鴻章は、近年の洪水（主に永定河）により各地の貯蔵庫の食糧はほとんど残っていないと報告している。[9]他省の天候も河北省と似ており、類似した被害が発生していた。

山東省の天候は、河北省に比べるとより一層酷いものであった。この年、山東省全域で激しい旱魃が発生し、制南、東昌、武定、青州、莱州、徳州府、沂州の被害がとくに深刻であった。「申報」は山東省の烟台から届いた報告を六月三日の新聞に載せているが、以下はその内容の一部である。

空に雲は見られるが、肝心な雨が全く降らないため、秋麦の収穫は絶望的な状況である。今年の収穫は例年の三〇％にも満たないため各地の食料の価格は高騰しており、莱州府では既に暴徒が数千人も集まっている……。[10]

また、六月一三日の新聞にも現地の状況が報道されているが、これは『字林西報』の六月六日の記事の引用である。

ある西洋人が五月一五日に天津から水路で徳州に向かった。……現地では最近の一カ月間に僅かながらも降雨があったため、高粱と綿花は何とか育っている。しかしそこから一〇〇里から五〇〇里までの麦畑の収穫は望めない状況である。……麦畑の側の草や樹皮は掘りつくされ、人々に食い尽くされていた。食物の価格は一日おきに暴騰し、各地の人々は他地域へ流浪するしかないのではと恐れていた。徳州南部ではすでに村単位の集団流浪が何件も発生している……。[11]

当時の山東省の巡撫丁宝桢と李元華も各地の状況を報告しているが、内容は同じようなものであった。[12] 河南省の天候と状況は、当時河南省の巡撫を務めていた李慶翱が詳しく報告している。それには、前年冬から夏までの降水量が異常に少なく、雨季も通常の時期と大きくずれているため、収穫は頗る悪かったと書かれていた。九月の播種も通常の時期より遅れて行われ、その後も降水が少なく穀物の発育は悪かった。[13] 一年の収穫量は通常の半分程度しかなく、多くの貧民は飢餓に瀕していたという。[14] 黄河沿岸とその北の地域の被害が最も大きく、省の中心都市である河南府と開封府の被害も甚大であった。

山西省と陝西省は前年植えた秋麦と、この年に植えた穀物の多くが育たなかった。山西省は霍州の北から忻州までの晋中地域と解州の東から澤州府までの晋西南地域の旱魃が最も深刻であった。旧暦一二月九日に御史（役職名）張観准は現地の状況を報告しているが、それによるとこの年の山西省の災害は異常なほど激しく、何十年も遭遇したことがないほどであった。[15] 陝西省で旱魃が酷い地域は西安から東の同州に至る渭水盆地である。

華北以外の地域では安徽省と江蘇省が被害に遭った。安徽省の状況は一八七七年一月一八日の「申報」と、一二月一六日の「京報」に掲載された巡撫であった裕禄の報告に詳しく書かれている。

今年の安徽省北部の廬州府、鳳陽府、穎州府、滁州、泗州地方では通常降雨のある夏に激しい旱魃が発生した。……調査の結果、低地で日陰の窪地では秋麦の収穫が僅かながらあったが、それ以外の場所では甚大な被害が発生しており、山の尾根地帯に至っては一粒も収穫がない所がある。[16]

干害は現在の合肥省から北の全ての地域で発生した。この事態に対し裕禄は二万五〇〇〇両の特別支出を独断で決定し、廬州府、鳳陽府、潁州府の救済にあてることにしている。[17]

江蘇省は安徽省と同じく、旱魃は主に北部地域で発生していた。さらに一部地域では蝗が大発生しその被害も大きかった。[18] 華北と江南の中間地である江蘇省には、被害が小さい江南へ移動しようとした山東省と安徽省の被災者が集まったため、省内は一時大混乱に陥った。[19] この時、李金鏞と胡光墉に代表される江蘇省や浙江省の紳士達は救済基金を立ち上げ、政府とは別の独自の民間救援活動を行った。その年救助された被災者は九万人に上り、活動は災害が終わるまで続けられた。[20]

三、大被害の発生（一八七七年）

旱魃は一八七七年になっても少しも衰えず、干害による被害は頂点に達した。中国で発生する旱魃は普通三年目で終息するものである。

二年続いた旱魃は各地で激しい飢饉をもたらし、毎日夥しい死者が発生した。この年被害が最も大きい地域は、山西省と河南省と陝西省であった。河北省は七月末から八月初旬の間に降雨があったので、北京から東の永平、遵化と、北の宣化等の一部地域では例年の七割から八割程度の収穫があった。[21] しかし、その他の地域の降水量は微々たるものであり、収穫はまたしても惨憺たる状況であった。特に保定府、河間、正定、深州、翼州の地域は蝗が大発生したため、収穫は例年の一割程度しかなかった。[22]馮金牛、高洪興の統計によると、この年の河北省では六九の州県で災害があり、救援を必要とする被災者は河間府だけで二〇〇万人になったという。[23]

山東省は省内全域で激しい旱魃が発生し、青州府の被害が特に大きかった。当時現地にて救援活動を行っていたTimothy Richardが救援献金を呼びかける文章を「字林西報」に投稿しているが、その内容は以下のとおりである。

去年の秋と冬はわずかな雨や雪しか降らず、穀物が成長するには全く足りない……。家の室内は(すでに売り払ってしまっているので)何もなく、[24]外は草も(食い尽くされて)生えていない…。食糧の価格は平年の三倍に達し、多くの餓えている人々は五穀の殻を草や木の葉、樹皮と練り合わせて飢えを満たそうとしている。……体が弱く身動きできない年寄りは死を待つしかない。五穀の殻さえ手に入れられぬものは、家そのものを壊し薪として売却し、農具まで手放すほどである。さらに哀れなのは、万策尽きた追い詰められた人々である。大切な家族を他人に売るしかなく、それで得た金も食糧の価格が高騰しているため、すぐになくなってしまい、飢餓や寒さを一時的に凌ぐことにしかならない。家族を既に失った人は外地に流浪するしかない。飢餓や寒さに耐え兼ね一家心中を図る人々も多く、各地では首つり、井戸や川への身投げ、服毒死した人々が見られ、ここでは語り尽くせない程の惨状が広がっている……。[25]

Timothy Richardによれば、青州府のみで二〇〇〜三〇〇万人の被災者があり、三月中旬までに五〇万人の餓死者が出たという。

青州府内では積極的な救援活動が行われ、江蘇省、浙江省、広東省の紳士からも多くの金銭や物資が送られた。[26]しかし、それでも被災者の一部は故郷を見捨て、東北三省に移住せざるを得なかった。渤海湾に位置する莱州では大量の船が停泊し、毎日数十人から数百人が故郷を離れていった。[27]

河南省は、黄河の沿岸地域とその北方の地域で旱魃が最も酷かった。陝、汝、陳州等中規模の都市や地域のみならず、開封、河南、衛輝、懐慶、彰徳等、府級の大都市圏も一年間降水はほぼなかった。許州、南阳、汝宁、光州等の災害地域を視察していた河南学政（教育行政官）瞿鴻機の報告によると、元々各地の農村では紳士が慈善用の食糧を幾ばくか備蓄していたが、遂に分配し尽くしてしまい、もはや打つ手がなく死を待つしかないとのことであった。[28]

一八七八年一月一一日の「申報」では災害現場へ救援に向かった人が現地の状況を詳細に報告しているが、内容はTimothy Richardのものと同様、酷く痛々しい。

一〇月一〇日（旧暦、一八七七年）に清江を出発したが、帰徳府に入るや否や、数多くの流民が道端で泣き叫び、あるいは雪の中で固くなっている光景が見られ、言葉にできないほどの惨状が広がっていた。汴城に着き各地の情勢を聞くと、現在河南省では五〇余りの州県の収穫が大きな打撃をうけ、二八州もの地域にて収穫がなかったという。懐慶に属する済源、衛輝に属する獲嘉、陝州に属する灵宝、河南に属する孟津、原武、阳武、修武では旱魃により三年連続して不作だったため、被害は特に甚大である。これらの地方は草の根まで掘りつくされ、新たに死者が出るとそれを人々が争って食べ尽くすありさまである。また灵宝一帯では、道路上に餓死者が大勢倒れているので、馬車が通れないほどである。……河南省の飢饉は、山東省の海州や青州より数倍酷い。汴城では粥を振る舞う所を設けられた。……そこでは毎日七〜八万人が集まっているが、行列を作って待っている間に(体が弱っているため)寒さにより死ぬ者が数十人もいた。道端には痩せこけた人々が大勢集まっているが、現在気温が益々下がっており、凍え死ぬ者は数え切れない……。(河南省の中心である)汴城でさえこの有様なので、他の地方はどのような状態なのか想像に難しくない。[29]

その後、朝廷が救援のために河南省に向かわせた命刑部左侍郎袁保恒の報告によると、旱魃がさらに激しくなったため、食糧の値段は高騰を続け、陝州では一斗(約一二kg)の穀物の値段が銀二両余りにまで達したという。[30] 何漢威の研究では、その年武陟県では一斗の穀物が二〇〇〇文以上、林県では一三〇〇文、洛寧では五〇〇〇文にまで達したとされている。また陝州の地方志によると、翌年現地の米は銀二両にまで高騰した。[31]

袁保恒の旧暦一一月二〇日の報告によると、収穫がなきに等しい二八州ではその時推定で二〇〇万人余りの飢餓に瀕した被災者がいるとのことであった。[32] 食糧を得るため大勢の女性は身売りし、そのための闇市場まであったが、それを取り締まることもできないほど現地の状況は混乱していた[33]。

山西省では全州県で他省を遥かに上回る激しい旱魃が発生し、各地の被害状況は極めて甚大であった。山西省は山地と丘陵が全土の八〇%を占め、平野部は二〇%しかない。耕作できる土地が少なく農業は振るわないが、鉄や石炭等の工業資源に富んでおり歴史上重要な工業地帯であった。商業活動も盛んで、特に明清時には晋商という山西省を拠点とし全国で活躍したギルド的性質をもった商人集団が存在していた。そのため明代以降山西省内の人口は扶養可能数を大きく超えていた。

清代の山西省では省内の人口を養うため主に隣の河南省と陝西省から食糧を移入していた。江南や山東省からも移入しており、黄河を利用して省内へ運搬していた。しかし今回の丁戊飢饉により省外からの食糧移入が停止したため、山西省の飢饉は他省より遥かに深刻であった。

当時の山西省巡撫の曾国荃は、一〇月にその年の山西省の被害状況を朝廷に報告している。内容は以下のとおりである。

……去年の秋の収穫は極めて悪く、春麦も冬と春に降水がなかったので収穫は全く望めない。食糧の価格が暴騰しているため、貧民は草の根と樹皮を食べるありさまである……。春から夏にかけても雨を得られなかったので、秋麦の収穫も望めない。省の南部地域の被害が特に激しい……。あまりにも長く雨が降らないので、人々に蕎麦や雑穀を植えるよう推奨したが[34]……夏から秋になっても降雨がなかったので、植えた苗も黄色く萎れてしまい、その収穫すら望めない。……目下霜が降るべき時期だが、そのような状況が現れる見込みが全くないため冬麦の播種も行われなかった。……被害が特に激しい地域では食糧が底を尽き、樹皮や草の根も掘りつくされている。[35]

飢えに困窮した人々はまず付近の家畜を食べ尽くし、次に家財道具と土地を二束三文で売り飛ばした。その後、人々は樹皮、柿、柳や果樹の樹皮から麦の籾殻や茎、家畜が食べる草までをも食べた。樹皮は乾燥させてから粉にし、雑穀の殻、高粱の茎、人骨や騾馬の骨と混ぜて餅にして食べた。植物が食べ尽くされると、柔らかい土や観音白泥という泥まで食べるようになったが、一時の飢餓を満たしただけで、数日後は腹の泥が膨張し激しい便秘に襲われ、体が弱い人々は死んでいった。[36]各地で人肉食事件が報告され、また餓死から逃れるために、子供や女性たちは自ら進んで江南に売られていった。餓死と栄養失調による死者は毎日発生し、各地で廃村が見られるようになる。各地域の死者は被害が小さい所でも三〇％もあり、大きいところに至っては七〇％以上に上る。

この惨状に対し、政府は救援に全力を注いだ。王金香の研究によると一八七七年から七九年まで、山西省には五八万石もの食糧からなる救援物資が輸送された。[37]しかし前に説明したように、山西省は山地が多く土地の起伏が激しく、その上、物資を運ぶ驢馬等が不足していたことから輸送運搬に手間がかかり、各地に届けられるまでにはかなりの時間が必要であった。

以下の文章は当時の山西を視察した阎敬銘の報告である。

山西では餓死者や自殺者、一家心中などの惨状が各地で見られ、さながら地獄のようである。目につくものは皆痩せこけた人々であり、耳に聞こえるのは人々の嘆きやうめき声である。このような惨状を見た私は、既に数カ月にわたり夜は憂えて眠れず、食も味がしない。[38]

Timothy Richard も一八七七年に救済活動のため山西省へ赴いたが、災害のあまりの惨状により一時精神疾患を発症したという。[39]

陝西省は、一八七六年と同じく渭水盆地付近と秦中地域の被害が最も大きかった。秦中から秦北地域の気候は山西省と似ており旱魃が発生しやすく、農業もさほど盛んではなかった。加えて同地域は丁戊飢饉が発生する前に、回族による大規模な反乱により、既に大量の人口が失われており、貯蔵食糧も反乱鎮圧のためかなりが使われていた。[40] ただ、漢中の属する秦南地域のみ、他地域に比べると年間降水量が多かったため被害が小さく、収穫はやや安定していた。総じて、二年続いた旱魃は、他省と同じく陝西省にも多大な被害をもたらし、各地は河南省と山西省と同じような状況であった。

陝西省の被害を拡大させた原因の一つは、丁戊飢饉による被害が先に発生した河南省と山西省が、陝西省に度々穀物の移出を要求したことである。[41] 丁戊飢饉が発生する数年前の陝西省の収穫は安定しており、他省より食糧備蓄が多かったためであるが、[42] 移出のせいで陝西省の備蓄食糧は予想より早く底をついてしまった。

四、災害の終焉（一八七八年～一八七九年）とその後

一八七八年に入ると華北東部で雨が降り始め、旱魃は遂に落ち着き始めた。七月末頃から直隷省と山東省の一部地域で降雨が始まり、河南省では八月初旬に降水が報告された。[43] 山東省では、通常の五割の収穫を得ることができた地域もあった。[44] しかしながら山西省と陝西省の大部分の地域では依然旱魃が続いた。

一方、降雨は新たな災害をもたらした。山東省、直隷省、河南省では降雨により堤防が決壊し、多くの河で氾濫が発生した。決壊は主に永定河、沁河と黄河下流地点で発生し、その地域で大きな被害を生んだ。[45]

災害による人口減少と社会不安により、地域社会が崩壊した所が多く、降雨があっても農作業が行えなかった地域が多かった。旧暦二月の直隷省天津では播種時期にもかかわらず、設置された災害避難所は、三～五〇〇里もの遠くから来た人々で溢れていた。[46] 直隷省で播種ができた県は地域の一～二割でしかなく、それも多くは枯れてしまい、収穫が望めるのは川岸や井戸がある所のみであった。[47] 河南省は南、汝、光、還徳等の降雨がある地域以外、播種は行われなかった。[48]

他地域と違い、山西省は前年と同規模の旱魃が発生した。さらに秋からは主に霍乱（コレラ、チフス等の感染症）を代表とする疫病が流行り始めた。[49] 疫病は全地域で猛威を振るい大量の死者を出した。

単麗の研究によると、一八七八年の山西省では感染率が一〇～二〇％以上にもなり、県で一万人以上の感染者が出た地域は一八％もあった。[50] 皇帝勅使と官員まで疫病に感染し、統治する官員がいなくなる地方もあった。

山西省の巡撫曾国荃は同年五月に忻州、黎城、高平の収穫全滅の報告をした後、七月には平阳、蒲州、解州、絳州で大不作との報告を朝廷に出している。[51]

「申報」は三月二九日と四月一日の新聞で山西省の状況を報道している。三月二九日の記事は中国人と外国人宣教師の実地調査によるものだが、それによると洪洞、岳陽、[52] 趙城、霍州の地域では、依然昨年と同じ状況であり、強奪団が至る所に出没していた。一斗米の値段は三〇〇〇文にまで達しており、蒲の根でさえ一斤一〇〇文の値段で売買されていたという。四月一日は繹州の状況が記事にされているが、その内容は昨年に比べさらに悲惨である。

繹州の西南から陝西省の境界地域までの東南地域、そして河南省の境界までの地域に位置する十数州では、農作業が一切行われなかった。……長年続いた災難により道徳や慣習などは消え去り、各地では集団自殺、人身売買、人肉食が横行している。……辛うじて生きていると見られる人間も、その実目を開けたまま絶命していた。歩いている人々が見えたと思えば、二、三歩行かないうちに倒れた。すると何処からか野犬がまだ息のある人を食べに来るが、人間は声を上げる気力もなく食い殺されてしまう。……毎日数えきれない人間が救済の粥を求めて来るが、列の中には歩いているうちに倒れて死ぬ者もいる。人々はそれを片付けることもせず、死んだような目で死者の躯を踏んで前に移動する有様である。[53]

一八七九年の旧暦四月から八月の間、華北全域で降雨があり、旱魃はついに終息し始めた。山西省でも旧暦五月から六月の間に各地で僅かだが降水があり、冬には降雪があった。そのため（ごく一部の地域ではあるが）秋麦の栽培が行われ、三年ぶりに僅かな収穫があった。[54] ただ前年の冬と初春には降雨があまりなかったため、麦の収穫は望めなかった。

ただ降雨は昨年と同じく、直隷・山西・山東でまた水害を発生させた。水害はその後一八八八年まで、毎年華北で発生するようになる。

丁戊飢饉により華北では膨大な人口が失われ、家畜、耕作用の道具や牛、家財用具も既になく、国家財政も困窮したため復興には長い時間が必要であった。温震軍、張景波の研究によると、山西省の多くの地域は無人地帯となり、[55] 陝西省は全土の三割の土地が放棄された。[56] 一八八二年の河南省では、衛輝、懐慶、河南府、陝州等の地方は未だ多くが荒れ地となっている。[57] 災害後には、政府が復興のため民衆に種籾や工具、牛等を無利子あるいは低利子で貸し与えるとの法律が存在していたが、救援活動に既に莫大な資金が消費されたこともあり、政策が実施されるには長い時間がかかった。例えば、陝西省では一八八三年に至ってもその資金が全く調達できていなかった。[58]

一九世紀初めの華北各省では毎年の収穫は平年の六割を維持でき、河南省と陝西省では八割ある地域も多かったが、災害後八割の収穫を達成できた地域はほぼなくなった。一九一〇年の夏季の収穫では、山西省の八二%の地域の収穫が六割を下回り、河南省は九六%、陝西省は五四%であり、冬季の収穫では山西省八六%、河南省は九九%、陝西省は六三%であった。[59]「北華捷報」は災害後の河北省の貧民の生活を記事にしているが、内容は以下のとおりである。

貧民の多くは非常に貧しいが、最低限の生活さえ維持できない人々はそこまで多くない。……彼らの三食はほとんどが毎食大豆あるいは豆腐屑を混ぜた高粱と粟である。白饅頭が特別なご馳走となる程であり、肉が食べられることはたいへん珍しい。……農民の家屋は一律泥土で作られた低い家で、部屋は多くても三つしかない。屋根は高粱茎で作られ、細く切った麦の茎を混ぜた泥が被っていた。……部屋にはオンドルがある、……小さい食器棚、一つの衣服を入れる箱と鏡、時には椅子があるかもしれない。これらが全ての家具家財であった。……壁は塗られておらず、地面は土である。[60]

＊本章で引用した各記録に関する説明

災害時、各地は大変混乱していたので、情報の多くは主観に基づいたものである。各文献記録の信用度は政府官員の報告が最も高く、その次に「申報」を代表とする新聞、一個人が残した記録となっている。

本章では収穫、穀物価格、被害程度等の情報はできる限り政府官員の報告を使用している。参考資料にした書籍は当時の報告を纏めた資料集である。新聞や個人による情報も参考にしているが、政府官員の報告より災害時の現地状況が詳しく説明されており、災害状況をより把握できることから、信用性の高いものを選択して使用することにした。

注

1 以上の省を本稿では華北地域と呼んでいる。

2 李文海等（一九九四）「中国近代十大灾荒」、九八頁。

3 李文海　林郭奎　周源　宮明（一九九〇）「近代中国灾荒紀年」湖南教育出版社、三四七頁。

4 李文海等（一九九〇）前掲書、三四七頁。

5 申報影印本、http://www.pdf001.com/baokan/_minguo/601.html 2019/10/11、ダウンロード〇〇八、二一七頁、一八七二年三月一〇日記事。

6 譚徐明主編（主要作者は参考文献に記載）（二〇一三）「清代干旱档案史料」中国書籍出版社、六六四頁 一八七六―一から一八七六―三までである。

7 水利水電科学研究院編（一九八一）「清代海河滦河洪涝档案史料」中華書局、二一二頁を李文海等（一九九〇）前掲書、三五三―三五四頁に転載していた。

8 王金香（一九九一）「光緒初年北方五省灾荒述略」山西師大学報（社会科学版）、第一八巻　第四期、六頁。

9 譚徐明主編（二〇一三）前掲書、六六四頁、一八七六―六。

10 申報影印本、前掲リンク、〇〇八、五〇九頁、一八七八年六月三日記事。

11　中報影印本、前掲リンク、〇〇八、五四一頁、一八七六年六月一三日記事。
12　譚徐明主編（二〇一三）前掲書、六九八頁、一八七六‐九九から一八七六‐一〇二までである。
13　譚徐明主編（二〇一三）前掲書、七〇〇頁、一八七六‐一〇六、一八七六‐一〇八。
14　李文海等（一九九〇）前掲書、三五四頁。
15　譚徐明主編（二〇一三）前掲書、六七〇頁、一八七六‐二一。
16　中報影印本、前掲リンク、〇一〇、六一頁、一八七八年一月一八日記事。
17　本来救援物資は朝廷にその災害規模を報告し批准を得てからでないと、使用できなかった。批准を得ず使用することに対しては厳しい罰則があった。
18　譚徐明主編（二〇一三）前掲書、六七一‐六七三頁。一八七六‐二八、三一、三三、六八二頁、一八七六‐六四、六五頁。
19　譚徐明主編（二〇一三）前掲書、六八〇頁、一八七六‐五五。
20　趙爾巽等「清史稿」（一九七六）中華書局出版、巻四五一「李金镛伝」。
21　譚徐明主編（二〇一三）前掲書、七〇三‐七〇四頁、一八七七‐六、一八七七‐九。
22　譚徐明主編（二〇一三）前掲書、七〇九頁、一八七七‐一三。
23　馮金牛 高洪兴（二〇〇〇）「〃盛宣懐〃档案中的中国近代灾販史料」清史研究　第三期。
24　穀物を買うためか、冬をしのぐため薪にしたためである。
25　李文海等（一九九〇）前掲書、八四頁。
26　譚徐明主編（二〇一三）前掲書、七三五頁、一八七七‐七二。
27　中報影印本、前掲リンク、〇一〇、四〇六頁、一八七七年五月五日記事。
28　譚徐明主編（二〇一三）前掲書、七五六頁、一八七七‐一〇三。
29　中報影印本、前掲リンク、〇一二、三八頁、一八七八年一月一一日記事。
30　一両＝一〇〇〇文。李文海等（一九九〇）前掲書、三七一頁。
31　何漢威（一九八〇）前掲書、二五頁。
32　譚徐明主編（二〇一三）七四八頁、一八七七‐九八。

33 何漢威（一九八〇）前掲書、三五-三六頁。
34 蕎麦や高粱、粟、稗に代表される雑穀は少ない降水量でも育つ。
35 李文海等（一九九〇）前掲書、三六六頁。
36 李提摩太著　李憲堂　侯林莉訳（二〇〇五）「親歴晩清四五年—李提摩太在華回憶録」天津人民出版社、一一〇頁。
37 王金香（一九九一）前掲書、六一頁。
38 李文海等（一九九〇）前掲書、三六七頁。
39 李提摩太著　李憲堂　侯林莉訳（二〇〇五）前掲書、一一二頁。
40 譚徐明主編（二〇一三）前掲書、七六二頁、一八七七-一三二。
41 譚徐明主編（二〇一三）前掲書、七六二頁、一八七七-一三七。
42 譚徐明主編（二〇一三）前掲書、七六二頁、一八七七-一三二。
43 李文海等（一九九〇）前掲書、三八九頁、三九四頁、三九九頁、四〇〇頁。
44 譚徐明主編（二〇一三）前掲書、七八六頁、一八七八-六七　七九四頁、一八七八-八一。
45 李文海等（一九九〇）前掲書、三八九頁、三九四頁、四〇〇頁。
46 申報影印本、前掲リンク、〇一二、二七三頁、一八七八年三月二八日記事。
47 顧廷竜　戴逸（二〇〇八）「李鴻章全集」合肥教育出版社、一二二頁-一二三頁。
48 譚徐明主編（二〇一三）、前掲書、七四八頁、一八七七-九八。
49 稷山県県志編纂委員会（一九九四）「稷山県志」新華出版社、第一五巻「祥异」。
50 単麗（二〇一七）「从方志看中国霍乱大流行的次数（兼談霍乱首次大流行的近代意义）」中国歴史地理論丛、第三二巻　第一輯、一五〇頁。
51 梁小進（二〇〇八）「曾国荃集」岳麓書社、第一册、三〇四頁、三一二頁。
52 現在の安澤県を指す。
53 申報影印本、前掲リンク、〇一二、二八五頁、一八七八年四月一日記事。
54 譚徐明主編（二〇一三）前掲書、七七九頁-七八四頁。

55　温震軍　趙景波（二〇一七）「丁戊奇荒背景下的山西生態系統劇変及社会影響」社会科学　第二期。
56　刘仰东　夏明方（二〇〇〇）「灾荒史話」社会科学文献出版社、五八頁。
57　譚徐明主編（二〇一三）前掲書、八一八頁。
58　譚徐明主編（二〇一三）前掲書、八二三頁。
59　李文治編（一九五七）「中国近代農業史資料」第一巻、七六二―七六四頁。
60　李文治編（一九五七）前掲書、第一巻、九一七頁。

第二章　丁戊飢饉による死者数

一、先行研究

信頼できる史料の欠如

現在、災害がもたらした死者数については、未だ明確な結論は出ていない。その主な原因は各地域の行政組織が崩壊し、災害に関する記録と史料の信用性が低下したからである。民間の資料は災害の状況をマクロから把握するには役に立つが、それを直接引用することは信用性と正確性が低いため妥当ではない。政府官員の報告と新聞記事等の史料にも同様な問題は存在する。災害時の混乱により相互に矛盾した報告が多く、災害後に調査が行われた地域は限られていた。そして調査が行われなかった地方の情報は、極めて混乱している。丁戊飢饉による被害が最も大きいのは山西省であるが、一八七七年の被災者数の報告では、河南省の方が山西省より二〇〇万人も多いと記録されている。[1] 地方志には各地の災害被害がある程度記録されているが、詳細な情報は少なく、ほとんどが極めて大雑把な表現にとどまっている。祥符県光緒五（一八七九）年大疫により死者が数えきれず、鄭県光緒三（一八七七）年大飢餓により人食が見られ、逃亡や餓死によりおよそ九割の家屋が廃墟化、汜水県は光緒四（一八七八）年大量の民衆が死亡[2]、という具合である。

新聞記事の問題は当時の「申報」で説明できるものである。「申報」は一九世紀後半から二〇世紀中旬まで中国で最も権威的な新聞社であった。しかし創刊時（一八七二年）、記者や分館は大都市のみに設置されており、地方の情報は読者からの手紙や報告に頼っていた。例えば一八七八年七月二五日の新聞には、河南省北部の被害状況が以下のように書かれている。飢餓等によって全人口の五〇％は死亡、二〇％は他省へ逃れたか、人身売買によって行方不明と統計されていた[3]。当時の河北省の北部には彰徳、衛輝、懐慶府等が属しており、一八七六年の時点で人口は六二二・八万人と推定されている[4]。もし記事が正確であった場合、災害後残存していた人口は一八六・八万人しか存在しないことになる。一九一〇年の調査では北部の府の合計人口は四八八・八万人になっており[5]、その場合この間の人口増加率は三一‰に達する[6]。その後もこの地域で大規模な災害があり復興が進まなかったことを考慮すると、この数値が間違っていることは違いない。この記事の数値の元はある郷紳の手紙であり、統計方法も示されていない。

このような理由により、丁戊飢饉の死者数は長い間不明瞭なままであった。「中国人口史・第五巻」では、丁戊飢饉の死者数について、研究者は以下のような説明をしていると書かれている。

現在の研究者が（丁戊飢饉の）死者数を説明するとき、往々にして表1で示した推測者が出した数値の内の一つを使用している。ある研究者に至っては、信用性を高く見せるために、ある推測者の数値をあたかも多数の研究者による研究結果と見せかけていた。何漢威の著作では、単純に某研究者の推測数を採用していないが、ただ研究者の数値を羅列して比較を行った後、「(丁戊飢饉は）被災地区で大量の死者数を発生させた」と結論を出すのみにとどまっていた。[8]

死者数を詳しく説明しなくても、丁戊飢饉ほどの大規模な災害は、その内容を説明するだけでも十分論文としては成り立つ。それでも死者数の研究は、人口学を専攻とする学者に重視された。

清朝の人口を研究するときに、主に使用される史料は、清実録、戸部清冊、地方志等である。戸部清冊に記録されている数値の多くは、民数彙報の転用である。民数彙報は地方官員がまず統計したものを州県の知事が纏め、省の布政使と按察使、督撫の監察を受けたのち中央に報告され、さらに審査を経たのち編纂されたものである。地方志にある数値は、いずれも地方官員が集めた数値をその基礎としている。[9]

清朝の各皇帝は人口統計を重視していたが、その制度が成熟したのは乾隆帝統治（一七三六～九五年）時代であった。[10] 何炳棣によると一七七六～一八五〇年までの人口統計の数値は、制度の成熟と中央の権威性が保たれていたことにより、その他の時代より正確性が高くなっている。現在の学界もその見解を概ね認めている。[11]

しかし、一八五〇年代以降の人口統計は、太平天国運動と黄河の流域変動のような重大な災害が頻繁に発生したため、行政と保甲制度が崩壊し、中央の権威が地方に及ばなくなったことにより、正確性は大きく低下していた。戦乱や災害が終結すると、地方官員は直ぐに法律に従い各地を回り統計を行っていたが、[12] 省の統治権の多くは督撫の手中にあり、[13] 中央への報告が軽視されるようになっていたため、審査や監察は疎かにされていた。[14]

例えば戸部清冊に記録されている一八七四年~八〇年の河北省と山東省の人口だが、丁戊飢饉が発生していないかのように連年上昇し、陝西省を除いた華北四省の人口数は山西省と河南省のみが減少しており、その数値も二九一・一万人のみになっている。[15] 人口調査の効率と正確性の低下により、清実録と戸部清冊の人口統計は一八七四年と一八九九年に中止、中断された。[16] 地方志は省の統治を行うにあたり必要不可欠なものであったことから、災害が終わった後も人口調査が行われた。しかし清実録等と同じく、資料の数値の正確性は低かった。

これまでの研究方法

清朝後期の人口統計を直接使用することは妥当ではない。しかし中国国内の混乱のせいで、近年まで史料批判はおろか史料を集めるのも困難であった。そのため各研究者は、手元にある乏しい史料を信じるしかなかった。これまでの研究者が採用した方法は、以下のように区分することができる。

第一の段階では、中華民国政府が編纂した清朝の資料を、そのまま利用することが行われていた。史料批判は全くと言っていいほど行われなかったため、その研究結果には問題が非常に多かった。特に清朝前期の人口に関する研究では、その当時の統計にある「丁」という単位を、納税の義務を負う一六-六〇歳の成人男子数であるという、清政府の定義を疑いなく受け入れた研究者が多かった。その結果、隣り合った年で人口増加率に大幅な差異が出たが、当時の学界はそれを受け入れていた[17]。ある清朝後期の人口に関する研究では、国内動乱により増加は鈍くなったが、全体から見れば人口は減少しなかったとも結論している。このような研究方法は、一九世紀末から二〇世紀初頭に行われていた。

第二段階は二〇世紀中頃から始まり、地方志、一統志、清会典、清三通等の史料が利用され[18]、それまでの研究内容を考察・批判することが行われた。この段階の代表的な研究者には何炳棣や羅爾綱等がおり、何は「丁」の正確な定義を地方志の史料を用いて証明し[19]、羅爾綱は失われた太平天国運動の記録を復元して、当時の江南の人口を修正した。

第三段階では史料批判がさらに重視され、その対象は第二段階で新たに使用された史料にまで及び、それを礎に定量分析と人口統計学の方法も使用され始めた。史料批判を重視した研究者で有名なのは姜涛、王躍生、施堅雅、侯楊方である。彼らの貢献には、男女の比率と地域内の都市人口の数値の修正、民数彙報の対象と地域範囲の特定化等がある[20]。定量分析と人口統計学の使用で代表的な学者は曹樹基である。彼はその方法を用いて清朝時代の人口とその変動を計算した。

曹はまず信用性が高い年代の人口統計数値を基準にし[21]、その間の人口増加率を主に使用して、研究対象とする年代の人口の推測を行った。史料は主に地方志、戸部清冊、一統志を使用している。使用する数値の正確性を検証するために、男女の比率と家庭数、その後の時代の人口数から算出した人口増加率と地域内の人口比率を確かめている。[22] この方法で曹が算出した数値は、それまでの根拠が薄弱で間違いが多いものより信用性が高く、その評価は非常に高かった。問題点は研究する時代の背景が重視されなかったことであった。そのため人口増加率に誤差があり、丁戊飢饉では、実際より多く死者数が見積もられていた。

二、曹樹基の研究方法

使用史料と算出方法

曹樹基が丁戊飢饉の死者数を算出する時、主に使用した史料は地方志、一統志、一九一一（宣統三）年と一九五三年の全国人口調査である。地方志は特に一七七六（乾隆四一）年のものが多く使われ、一八七五～八〇（光緒元～六）年のものも使用されている。一統志は嘉慶一統志を主に使用している。

使用する史料の数値の正確性は、前に紹介した内容を使い検証している。例えば一家庭の通常平均単位は五であり、その変動は二〇％以内を超えてはならないとしている。男女の比率は通常一一：一〇であり、これより大きく離れている場合、特別な事情がない限り問題があると判断している。これらの数値は過去史料[23]と人口統計を基にし、人口学に従い導き出された数値である。

人口増加率に対しては、地域で自然災害、疫病、戦争等特殊な事情がない限り、その人口は増加の傾向をとり、その値の変化は緩やかなものであると仮定している。計算の結果、その地域である期間内に急激な増加や減少があった場合、使用した数値に問題があると判断している。地域の最小考察単位は県であり、

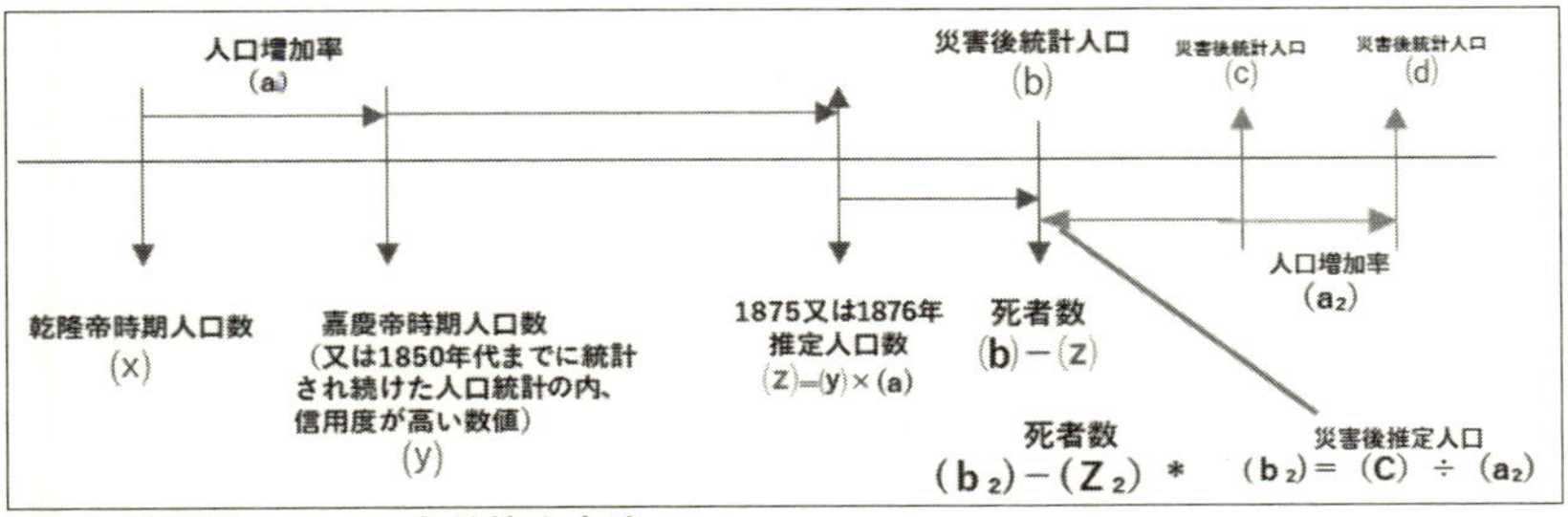

図１　曹樹基による死者数算出方法

（出所）筆者作成　*Z_2 は 1875 年または 1876 年に統計調査された人口数である。

ある府に所属している県の人口増加率、死亡率は、同府に所属している他県と酷似し、その差異も特殊な事情がない限り小さいものであると仮定している。そのためある府内の県の情報が欠けている場合、府に属している他県のものを参考にしていた。

最後に、省あるいは府・州内の各地域の人口分布は、時代が変わっても比較的相似しているものとしている。これは現在から一三九一（洪武二四）年までの各地域の人口分布を検証して得たものである。ただし求める地域の情報が極めて少ないときか、一連の検証が終了した後のさらなる検証時にのみ、この理論を使用している。

算出方法

図１は曹樹基が丁戊飢饉の死者数を算出するにあたり、使用した方法を示したものである。[24] 要約すると、まず乾隆帝時期（一七三六～七五年）と嘉慶帝時期（一七九六～一八二〇年）の人口統計を使用し、この期間の人口増加率を割り出す。[25] 次に嘉慶帝時期の人口に算出した人口増加率をかけ、[26] 丁戊飢饉災害前後の人口数を算出する。そして災害前の人口数から災害後の人口数を差し引いた結果が死者数である。

一県に一八五〇年以前の人口数の記録がない場合、次の代替方法により算出する。一つは災害後の人口増加率を、災害終了の最も近い年まで逆算する形で使用し、これによって算出した災害終了時の人口と災害前の人口の差を死者数とする。[27] 二つ目は乾隆帝時期の人口数に、その後の地域内平均人口増加率[28]を掛け災害前の人口を算出し、これに災害後の人口数を引くことにより算出する。ある県の史料が極めて乏しい場合、この方法により算出された同地方の県の死者数と死亡率を参考、あるいは直接使用する。

丁戊飢饉の各省と一部省内における死者数

表2は、曹樹基による方法で算出された各省の死者数と、その後一九五三年に至るまでの年平均人口増加率を示している。丁戊飢饉による死者数は二二九二・一万人である。曹の算出の結果、被害が一番大きい省は山西省である。その内一番被害が大きいのは蒲州府であるが、その死者数は以下のように算出されている。蒲州府は晋西南部にあり、山西省と陝西省の境界に位置する。府は虞郷、栄河、臨晋、猗氏、永済、万泉の六県で構成されている。蒲州府の一八七六年の人口は推定一三八・七万人である。算出方法は、修正処理した一八二〇年の統計一一〇・九万人を、年平均人口増加率四‰で計算している。[29]

虞郷県の死者数は以下のように計算されている。虞郷県は一七七二年と一八二〇年までの人口統計の記録が残存しており、その間の年平均人口増加率は五‰であった。しかし清後代では増加率が下がったことをも考慮して、それから一‰減少したものを採用している。これにより算出した人口数から一八八〇年の人口数を引いた結果、死者数は一三・一万で、人口損失率は約七八・四%であった。[30] 一八八〇年の人口数

表２　丁戊飢饉による華北各省の死者数　人口単位：万人

	1876年人口	1880年人口	死者数	人口損失率	1953年人口	人口増加率 1880-1953
河北省	2886.4	2598.4	288	10%	4276.5	7.0‰
山東省	3898.5	3703.6	194.9	5%	4926.5	3.9‰
河南省	3369.7	2621.8	747.9	22.20%	4324	6.9‰
山西省	1716.9	882.7	834.2	48.59%	1621.4	8.4‰
陝西省	950	707	243	25.60%	1583.4	11.1‰

（出所）曹樹基（2005）、前掲書、677、687、689 頁及び刘仁団（2000）前掲書の一部を参考にして作成した。

から一九一八年までの人口増加率は約一〇・五‰で、一九五三年までだと約九・三‰である。

栄河県は乾隆二九（一七六四）年の人口に、虞郷県の四‰の人口増加率を使用して一八七六年の人口を算出している。これに一八八〇年の人口を引いた結果、死者数は一四・六万、人口損失率は約七一・六％であった。一八八〇年から一九五三年までの人口増加率は約六・六‰である。

以上の二県は乾隆帝か嘉慶帝統治時代の史料が存在しているため、理想的な算出方法で結果を導き出せたが、残りの県は史料が少ないことから代替的方法を使用していた。

臨晋県は一八八〇年の統計の信用性が低く、またそれ以前の史料が発見できなかった。一七七三年の統計では戸籍数が二・七万、人口数は一五万人であるが、一八八〇年の統計では戸籍数約二・二万、人口数約一八・三万人となっている。[31]そのため中華民国時期に編纂された「臨晋県志」に全戸籍数の内五〇―六〇％が消失したと記載されていることから、人口損失率は前文の二県と同じく約七〇％と仮定している。正確な人口数は算出されていない。

猗氏県は光緒帝時代に編纂された「続修猗氏県志」からの数値をその

まま使用しており、それによると死者数は六・七万人で、人口損失率は約五二・八%である。他県より人口損失率が低いが、「続修猗氏県志」では他県より被害が小さいと記載していることから、問題はないと判断している。なお、一八八〇年から一九五三年までの人口増加率は約七・五‰である。

永済県については、光緒帝時代に編纂された「永済県志」に記載されている一八七六年と八六年の数値を主に使用している。そして一八八六年から八〇年の人口増加率を五‰と仮定し、逆算することで一八八〇年の人口を割り出している。[32] 一八七六年と八〇年の人口差は二六・四万で、人口損失率は約七八・三%であり、一九五三年までの人口増加率は一〇・二‰であった。

虞郷、栄河、猗氏、永済の四県の人口損失率は約七二・八%であった。万泉県に関しては史料が少ないためか死者数は算出されず、他五県の損失率が七〇%台であることから同程度のものと推定している。結論として蒲州府の人口損失率は約七五%としていた。これに蒲州府の一八七六年の推定人口を掛けると、死者数は一〇四万人である。一九一〇年の人口統計では蒲州府の人口は四一・五万人で、一八八〇年からの人口増加率は約六‰であり、一九一〇年から五三年の人口増加率は約九・七‰である。

三、曹樹基の研究に存在する問題点

人口統計と清代中期の人口増加率について

乾隆帝と嘉慶帝統治時代の史料から算出される人口増加率は、曹樹基の研究に重要な役割を果たしている。しかし使用された史料には問題もあった。

現在、学界では一七四一年から一八五〇年の人口統計は、信用性が高いものであると認識されている。その理由は、この期間に保甲制度が全国に普及し、その制度が比較的忠実に遵守されていたからである。そのため曹樹基はこの期間に統計された人口数を信用し、その間の人口増加率を基準とした。しかし制度が全国に普及したといえども、中央（北京）から距離のある地域と移動が困難な山間部では人員が不足することが多く、誤報や作為行為が頻発していた。この期間に統計された人口増加率は実際より幾分誤差があり、その誤差はそれ以前の時代より小さいかもしれないが、依然研究結果を左右するほどであった。

一八四〇年以降の人口統計は、清朝が度重なる内憂外患に襲われていたことから、その正確性はより低下していた。華北各省の人口に大きな影響を与えたものは捻軍の乱と、回民の反乱である。捻軍の主要活動地域は河南省であり、回民の反乱の被害は（華北に限定した場合）陝西省に集中していた。一方、アヘン戦争を代表とする諸外国との戦争は、より間接的な影響を及ぼしている。これは莫大な賠償金と不平等条約による自由貿易の強制により、国庫の枯渇と経済の混乱をもたらした。経済の混乱は福祉と災害対策の劣化をもたらし、自然災害の多発と被害の増大に繋がっている。そのため、もし清代後期の人口を清代中期の増加率で算出した場合、実際の人口より大きい結果が算出されることになる。

清代中期に行われた人口調査の方法にも問題が存在する。保甲制度を使用して人口を統計するのはやむを得ないことでもあった。保甲制度の本来の役割は官員の直接統治が困難な地方の統制と治安維持であった。人口調査は官員による直接調査ではなく、保甲制度の維持を担う人員によって行われていた。乾隆帝は一七四一年にそれまで五年に一回に行われていた人丁数調査に、それが属する家庭の人口数までを官員が調査するように法律を制定しようとしていたが、技術上の困難さと政治上の思惑により諦めざるを得なくなってしまう。

人口数は保甲制度によって統計化された人口から、流動人口を引く形で算出されていたが、前年度の数値に推量した数値を適当に加算したものを報告することも頻繁にあった。[33] 一七七五年に統計の怠慢による問題が発覚し、行政に損害をもたらしたことから、[34] 関連の法律が厳格化されたが、問題は依然発生している。

一七七五年に出された布告では、保甲制度が人口調査の役目を担うことが明文化され、違反者や職務怠慢者には厳罰が下されることになった。[35] これにより保甲制度が普及した地域では、人口調査の信用性は向上したが、中央から離れ発展が遅れた貴州、雲南、広西などでは依然人口の統計漏れがあった。そして地域内の少数民族は通常統計から除かれていた。[36] そして一九世紀に入ると、国内では増加した人口による社会不安が目立つようになり、白蓮教徒が一七九六年に反乱を起こして以降、各地では（規模はより小さいものの）動乱が度々発生するようになる。白蓮教徒の乱が発生した地域の一部では、[37] 人口調査が何年も行われず、[38] その後の統計の数値の信用性も低かった。

保甲制度に基づいた人口調査により、清朝は広大な領域で生活する数億の人口状況を県単位で把握することができたが、その統計にある国内全人口数は実際の人口とは大きな差があったと考えられている。[39] 当時の統計から算出された人口増加率には誤差があり、増加率を下降修正する変動要素が多いにもかかわらず、曹の算出した丁戊飢饉発生前の人口はより大きく算出されていた。例えば曹が算出した河南省の人口は、一八五三年から六八年まで捻軍の乱の被害を受けた土地でありながら、乾隆帝から嘉慶帝統治時代の人口増加率(四-五‰)で算出した一八二五年の人口を基準にしている。[40] ある期間の人口増加率を使用し、史料が欠落している年の人口を算出するときは、その当時の人口統計制度と、発生した歴史事件の影響を十分に考慮しなければならない。

丁戊飢饉後の人口増加率に存在する問題

曹樹基が史料の正確性を検証するときには、丁戊飢饉後の人口増加率を参考にしている。第二節第二項で説明したように、曹は各県の人口増加率を他県と比較することにより、使用した史料の正確性の判定を行っている。もちろん人員の移動が激しい現在では、省内の各地域間の人口増加率が類似していることはありえない。ただ中華民国以前の時代では大きな動乱が発生しない限り、人口増加率に大きな差はなかったことが分かっている。

しかし、表2で示されている各省の地域の人口増加率はいずれも異なり、かつ極めて高い水準である。通常災害後の地域の人口増加率は、インフラや社会の崩壊により一定期間は低い水準を維持するものである。これについて曹は以下の説明をしている。

……例えば太平天国戦争は中国の歴史上最も死者が多い内乱であった。しかし当時の中国の人口が増加していたこともあり、戦争による死者数は全人口の数から考えると、その比率は相対的に小さいものであった。……都市部で大量の死者が発生すると同時に、他地域の人口は依然増加していた。……災害地区で損失した人口の多くは非災害地区の人口増大により打ち消されている。

……また中国人口の増加モデルは長江を境に南北に分けることができる。北方地域の人口は高成長―大規模な人口損失―高成長のサイクルで動いている。……北方の人口は戦争や災害により、増加した人口が瞬く間に失われることが頻繁にあるが、その後は高成長によりその損失を補っていた。[41]

この説明には以下の問題がある。確かに中国の人口は王朝滅亡時や内憂外患が発生したとき大きく減少したが、その後国内が安定すると迅速に回復した。しかし丁戊飢饉後の中国は軍閥間の激しい闘争、国民党内の紛争、二回の国共内戦、満州事変後の日中戦争等が発生し、国内は混乱し続けていた。特に日中戦争は華北に甚大な人的・社会的災害をもたらした。もちろんこの時代の人口増加率を上昇させる要因も存在した。一九世紀末から西洋医学と公衆衛生が発展普及し始め、一九三六年まで四七の医学院（校）、正規と非正規のものを合わせて一五六もの看護婦学校が設立された。[42] 人口減少の主要な原因である流行病の対策も重視され、予防接種と清潔な飲み水の確保が行われ、死亡率の減少に大きく貢献した。[43] しかしながら自然災害は減少せず、国内の混乱により農村も荒廃していることから、一九五三年に至るまで華北では一九二〇年、二八〜三〇年、四二年に大規模な飢饉が発生し、死者数も（丁戊飢饉には及ばないが）甚大であった。清代の人口増加率はその最盛期でも一〇‰を超えることは少なかった。そのため自然災害や各戦争の集中地である華北各省（山東省を除く）が、七‰以上の人口増加率を維持できることは（より明確な根拠がない限り）あり得ないことである。蒲州府も（かの地域は平地が多く発展しやすいが）僻地であることから一〇‰もの人口増加率は、政策による集中的な移住が発生しない限り不可能なことである。

このような問題は、基数に一八八〇年のような丁戊飢饉直後の人口統計数を使用したことにもある。[44]この時代の人口統計の数値は、その制度が破綻したこともあり極めて不正確なものであった。例えば、一八八〇年以後河南省の人口統計には、官員が恣意的に操作した痕跡が明瞭に残っている。[45]曹が何故この時代の統計を信用し、検証もせず使用したのかについては説明されていない。統計された数値は実際の人口を遥かに下回るものであり、これを使用した場合死者数は実際より大きく見積もられるのである。

四、結論

本章では曹樹基の研究結果を考察したが、結論は丁戊飢饉がもたらした死者数は曹が示した二二九二・一万人より低く、特に被害が大きい省での被害が大きく見積もられている。

曹による算出方法の問題は、本章で説明したこと以外のものも存在する。曹は府、州内の地域間の人口増加率や被害程度は類似しているとしたが、その仮定の正確性については検証を行っていない。省内の地形がほぼ平原である山東省と河北省では、地域間の気候が類似していることから曹の仮定はある程度適合する。しかし人口統計と被害程度が詳細な地域は概ねその府、州内の主要地域であり、災害時人口が集中する傾向にあり、死亡率が他地域より大きくなる傾向がある。また山西省と陝西省の地形は高原、山地、峡谷が入り交じっており、府、州内の地域も地形が異なり、農業環境と収穫量も違うことから、人口増加率には差異がある。[46]以上の理由により曹の仮定には一定の問題がある。

しかし、これまでの丁戊飢饉の死者数は、あやふやな史料から推定されてきただけであるため、定量分析と人口統計学を使用した曹の研究は評価に値するものであり、中国人口学においての重要な一里塚である。数学的方法を史料批判に使用することは、今後主要な方法であり、今後、より正確な数値が算出されることは間違いない。

注

1　譚徐明主編（二〇一三）前掲書、七四八頁、一八七七―九八　七一二頁、一八七七―二五。
2　曹樹基（二〇〇五）前掲書、六八二―六八三頁。
3　申報影印本、前掲リンク〇一三、八六頁、一八七八年七月二五日版。
4　曹樹基（二〇〇五）前掲書、六八六頁。
5　王士達（民政部戸口調査及各家估計）（二〇〇五）前掲書、六八七頁。
6　一九一〇年代には清と中華民国政府による人口調査が数回行われた。信用性に関して議論はあるが、近現代の行政組織によって作成されており評価は高い。

7 序章第二節の表1を指す。

8 曹樹基(二〇〇五)前掲書、六五〇頁。

9 清実録、地方志等の数値は民数汇報からの転載であり、その数値の正確性は低いという観点もある。また「大清一統治」も使用されるが、同じ理由でそれを信用しない研究者も存在する。

10 清成立後から乾隆帝統治初期まで人口統計は行われていたが、学界ではその統計にある「丁」という単位の意味を巡って論争が続いている。

11 何炳棣　葛剣雄訳(二〇〇〇)「明初已降人口及其相关問題:一三六八-一九五三」三連書店、五九頁。

12 何炳棣　葛剣雄訳(二〇〇〇)前掲書、八五-八六頁。

13 通常、省の政治は中央から派遣された布政使、按察使が督撫と権力を分割しその仕事を監視する役目も担っていた。督撫に権力が集中することは地方権力が中央を上回り始め、法律が規定通りに行われなくなったことをも意味する。

14 「戸籍与人口管理」(http://jssdfz.jiangsu.gov.cn/szbook/slsz/rkz/D9/D1J.HTM) 2019/5/9 閲覧。

15 梁方仲(二〇〇八)「中国歴代戸口田地天賦統計」(梁方仲文集)中華書局、三六二頁。実際の人口より多く報告したのには多くの理由があるが、そのうちの一つとして現地の税率を高めることにより得た不当収入を隠す目的があった。

16 姜涛(一九九三)前掲書、六二-七二頁。

17 姜涛(一九九三)前掲書、三六頁。

18 会典は「乾隆会典則例」「嘉慶会典事例」「光緒会典事例」等を指し、清三通は「清朝通考」「清朝通典」「清朝文献通考」を指す。

19 何炳棣　葛剣雄訳(二〇〇〇)前掲書、二八-四一頁。

20 張鑫敏(二〇一四)前掲書、三頁。

21 主に「嘉慶一統制」が使用される。

22 一九五三年の人口統計数が主な基準である。

23 明代から清代までの期間を指す。

24 曹は「中国人口史・第五巻」（前掲書）で清代初期の人口も算出しているが、その場合(x)と(y)に相当する史料は明代後期のもの等、より前の時代のものが使用される。
25 本章第一節第一項で説明したように、この期間の統計は信用性が高い。
26 使用する嘉慶帝時期の数値は、主に「嘉慶一統志」に記載されている一八二〇年のものである。
27 この方法は災害前（一八七五あるいは七六年）の人口数に関する史料が存在する場合に限る。
28 本章第二節第一項で説明したように、同じ府または省に属する他の地方の人口増加率を用いる。
29 平均人口増加率の根拠は、その著作では明示されていない。
30 災害後の人口数は中華民国時に編纂された「虞郷県志」を参考にしたと思われる。
31 災害後にもかかわらず、一家族には約九人も存在している。
32 その仮定の根拠は発見できなかった。
33 何炳棣 葛剣雄訳（二〇〇〇）前掲書、四五頁。
34 自然災害が発生した湖北省で、統計上の人口が実際の人口を大きく上回ることが発覚した。その後の調査で省内の各県が、毎年増加した人口を故意に小さく報告していたことが判明した。
35 なお五年に一回の人丁数調査は廃止された。
36 何炳棣 葛剣雄訳（二〇〇〇）前掲書、五九-六一頁。
37 陝西省、四川省、湖北省を指す。
38 何炳棣 葛剣雄訳（二〇〇〇）前掲書、六二頁。
39 姜涛（一九九三）前掲書、六一頁。
40 曹樹基（二〇〇五）前掲書、六七八-六八八頁。
41 曹樹基（二〇〇五）前掲書、八三四頁。
42 侯楊方（二〇〇一）「中国人口史、第六巻」復旦大学出版社、五八八頁。
43 しかし病院と医療従事者は大都市に集中しており、その分布は偏っていた。
44 現在学界では、中華人民共和国成立後に初めて行われた一九五三年の人口調査の方法を高く評価しており、その数値も正確性が高いものと認識している。

45 基本的に前年の数値をそのまま引用しており、その上で毎年四〇二人か四〇三人の増加をお飾り的に記載している。

姜涛（一九九三）前掲書、六七頁。

46 河南省の地形は概ね平原であるが、三門峡と鄭州の間の土地は起伏がある。

第三章　旱魃と飢饉の関係

一、華北の気候特徴

旱魃による災害

丁戊飢饉は旱魃により発生し、飢饉により大量の死者が発生した。

現在でも中国では旱魃が頻発に発生している。鄧雲特の研究によると、秦漢の時代から一九三七年に至るまでに発生した旱魃は、歴史書に記録されている自然災害の約五分の一を占める。[1]旱魃は江南より華北で多く発生している。華北の降水量は他地域と比べ少なく不安定であり、加えて現地で栽培されている農作物の特性ゆえに、旱魃が発生すると深刻な被害が発生しやすい。[2]

旱魃は各地で旱害を引き起こし、人々は深刻な食糧不足に陥り穀物価格は暴騰した。山西省の一部地域では、千畝の土地でも一膳の収穫すらなかったという。[3]その他の省でも収穫が例年の半分かそれ以下の地域が多かった。一九世紀後半における通常時の山西省の穀物価格は、一石で平均二～四両である。[4] しかし一八七七年から七八年の穀物価格は一斗につき小麦は二～五両、粟は二五〇〇～三五〇〇文、高粱は一部地域で一六〇〇文になるなど、六～一〇倍以上も高騰した。[5] 他省も同じく、例えば陝西省では通常の一〇倍以上、[6] 河北省は五倍、河南省は四倍、山東省は三～四倍になっている。[7]

食糧不足のせいで、人々は通常食物として適さない物も食べたが、その価格も瞬く間に高騰した。何漢威によると、

丁戊飢饉が発生する前の山西省繹州では蒲の根を一斤三文で売っていたが、災害時には麵にされ、その価格は一斤一〇〇文まで上昇した。……栄河県では柿の葉、蒲の根、楡の樹皮を併せて作った麵ですら一斤四、五〇文が必要であった。樹皮や草の根等が食べ尽くされると、人々は小石を粉末にし、それに草根や籾殻、種を混ぜ、泥餅として食べたが、それも一斤銀二～三文の価格であった。[8]

食糧価格は、丁戊飢饉が終焉した後も数年間高値を維持し、災害が膨大な死者をもたらし、地域社会が崩壊したことを反映している。

華北の気候とその特徴

華北の気候は農業にそれほど適してはいない。何故なら年間降水量が少ない上に変動が激しく、雨季も

夏に集中しているからである。変動性の一例を挙げると、通常時の北京の平均降水量は約六三五㎜あるが[9]、深刻な旱魃が発生した一九二〇年代前半では二七九㎜しかない[10]。華北の降水期は七～八月に集中しており、一年の五〇～七〇%を占める。

各地域の平均降水量は河北省では四八四・五㎜、山東省は六七六・五㎜、河南省は七八四㎜（変動は大きい）、山西省は三五八～六二二㎜、陝西省は七〇二・一㎜（同じく変動は大きい）である。華北以外の地域で丁戊飢饉の被害を受けた江蘇省と安徽省の降水量は一〇九〇・四㎜と八〇〇～一八〇〇㎜である。華北南部はモンスーンの影響が強く[11]、他地域に比べ降水量が多い。山西省北部と陝西省の北部はより降水量が少なく、半旱魃地区に属する。華北のいずれの省も降水量は少なく、乾燥している。

華北各省の大まかな気候の特徴は以下の通りである。

山東省の雨季は六月中旬から八月中旬までであり、この時期の降水量は三〇〇～六〇〇㎜である。一一月初旬から北海岸で雪が降ることがあるが、その量は少なく降水量は一五～五〇㎜しかない。その他の季節では秋には一〇〇～二〇〇㎜、春では五〇～一二〇㎜である[12]。

河北省は七、八月に雨が集中的に降る以外、ほぼ全年乾燥している。二〇一五年の夏季の降水量は二五二㎜であり一年の降水量五〇六㎜の五〇%を占める。しかし春と秋は一〇四・二㎜、一三八・三㎜あり、冬は一一・〇㎜しかない[13]。夏季の激しい降水は時に河水の氾濫を誘発し、土地を泥濘化させることがある。

河南省の気候は地域によって異なる。淮河より南の地域は年間一〇〇〇～一二〇〇㎜の雨量があるのに対し、豫北及び豫西の黄土地域では六〇〇～七〇〇㎜しかない[14]。降雨は六月下旬から九月上旬に集中し、特に七月と八月の雨量は全年度の五〇～六〇％を占める。三月から六月及び一〇月、一一月にもある程度の降水があるが、一一月から翌年二月までの冬季における降水は特に少なく、雪が降ることも少ない。

山西省は、山脈が省の東西に位置している上、全土が高原であるため、華北の他省に比べ降水量がさらに少ない。省内は土地の起伏が激しく、地域内の気候も差異が大きい。例えば太原市では六、七月に降水が集中するが、大同付近は四、五月である。[15] 省内全土で共通しているのは、冬季は降水が特に少なく秋雨は春雨より多いことである。[16]

陝西省の天候は秦嶺より北と南で異なる。秦嶺より北の地域では、黄土に覆われている地域以外土地が比較的肥沃で地下水資源も多い。[17] しかしながら降水量は少なく、降雨は六～九月に集中しており、この期間の降水量は一年の六〇～八〇％を占める。[18] 秦嶺より南の地域である漢中地域の降水量は、北側に比べ遥かに多い。

華北各省の降水が集中する時期はほぼ同じであり、七～八月の降水量は一年の半分ほどを占める。春と秋の降水量はほぼ同じで、合わせて一年の四〇％を占め、冬の降水量は僅かである。

華北で栽培されている農作物は主に春から初夏に種蒔が行われる。冬が終わると降雨が始まるが、晴天が多く空気も乾燥しているため、土壌の通気性は高く水分の蒸発が激しい。雨が降っても土壌内の水分はすぐに減少する傾向にある。七、八月は雨期であるが、気温が高く蒸発量が多いため、作物は常に水不足の状態にある。華北の気候は農業にとって非常に不安定であり、降水の減少や気温の上昇など僅かな変化で、旱魃と旱害が誘発される。

華北の気候と旱魃の関係

華北の降水量が少なく、雨季が集中している原因には、中国大陸付近の亜熱帯高気圧と深い関係がある。亜熱帯高気圧は旱魃の発生にも影響している。[19]

中国大陸では五月頃に、東南部の沿岸地帯で夏季モンスーンが発生する。これにより華南に位置する亜熱帯高圧帯が北上を開始し、中国大陸内部に移動してゆく。そして雨季が始まるが、その期間は江南では一〇〇～一五〇日、長江流域で一二〇日、秦嶺山脈、淮河一帯で七五日、華北北部と東北南部では五〇～七五日であり、北に向かうにつれ期間は減少する。[20] 高圧帯の移動距離が長くなるにつれ勢力が弱まり、華北に位置する秦嶺山脈と大行山脈が前線を遮るからである。一方、秋から初春にかけては内モンゴル、ロシアで発生するシベリア気団から激しい北西の季節風が吹き始め、華北大地に激しい乾燥をもたらす。バイカル湖と内モンゴル平原では丘陵等で遮るものがなく、チベット高原により気団が分散できず集中するからである。この時期亜熱帯高気圧は南方に留まっており、華北では降雨がなくなる。華北で夏季に降雨が集中し、その期間が短い理由はこれにある。

亜熱帯高圧帯の北上が弱まると、華北では降水が少なくなり旱魃が誘発されるが、北上が弱まる原因は多岐にわたる。現在モンスーン環流と深い関係をもつことが判明している。[C]

東アジア大陸から海面の気圧傾度力が低くなると、夏季モンスーンが弱まる傾向がある。この時亜熱帯高気圧の西峰は東経一二〇度より東に位置しており、西太平洋高気圧の尾根がユーラシア大陸東部の海上に位置している。[21] 南インド洋からオーストラリアの副熱帯高気圧の勢力も弱まり、通常より南に位置するようになる。するとアジア大陸の熱低気圧団の勢力は発達が大いに弱まり、東への移動も弱まる。[22] 最終的にはモンスーンの経度方向環流も弱くなり、[23] 亜熱帯高圧帯の北上は鈍くなり、華北の雨量は減少するのである。

二、エルニーニョ現象と旱魃の関係性

エルニーニョ現象発生の要因

現在、一八七七年と七八年にエルニーニョ現象が発生していたことが判明している。[24] エルニーニョ現象が発生すると、地球規模の気候変動も同時に発生しやすい。一八七七–七八年のインドでは記録的な旱害と大飢饉が発生しており、オーストラリア東部、エジプト・スーダン、アメリカ大陸でも旱魃が発生した。丁戊飢饉の旱魃はエルニーニョ現象によって引き起こされたとは断言できないが、[25] 華北で晴天の増加と降水量の極端な減少をもたらすため、旱魃を誘発した一因であることは間違いない。

エルニーニョ現象が一八七六年に発生したかについては、未だ議論されているが、同年南方振動が発生したことが判明している。一八七六年の華北で発生した旱魃の範囲は、通常のエルニーニョ現象で旱魃が発生しうる地域とほぼ一致しているため、[26] この年もエルニーニョ現象と関係を持つ異常気象が発生したと思われる。

エルニーニョ現象は、赤道一帯の海水温が上昇することにより誘発される。これは南米赤道付近のエクアドルとペルー沿岸海域の海水温上昇が引き金になり発生する。通常南半球の海域は、一二月から翌年二月の間に暖められ海水温が上昇する。南アメリカ沿岸を流れているペルー寒流の勢いが弱まり水温はさらに上昇してゆく。その結果、赤道付近のエクアドルとペルー沿岸の海域の水温が上昇するのである。この現象はエルニーニョ暖流と呼び、毎年発生するものである。

太平洋の赤道付近の海水は、主に地球の自転の影響により吹いている東風により、東から西へと移動している。これによりエクアドルとペルー沿岸の高温度の海水は、西太平洋に運ばれている。この時、海域深部に位置する冷水が圧迫され、東太平洋沿岸あたりで冷水が湧昇することになる。西太平洋に運ばれた海水は、インドネシアとフィリピンあたりで堰き止められその付近で溜まる。そのため大気は西太平洋沿岸から上昇した後東に移動し、東太平洋沿岸で下降し再び西へ移動する。

しかし、理由はよく分からないが、赤道上で東風が弱まり海流に変化が発生することがある。[27] すると西太平洋まで流れるべき暖水はその勢いを弱め、太平洋中部に滞留しその付近で拡散し始める。これにより中部太平洋の気圧が下がると同時に、東太平洋沿岸付近の冷水の湧昇も勢いを弱める。その結果西太平洋からは西風が吹き、赤道一帯の海水温が集中して上昇することになる。この現象を通常のエルニーニョ暖流と区別して、エルニーニョ現象と呼ぶ。エルニーニョ現象は海水温が最も高い地域別に、異なる影響をもたらす。[28] 一八七七〜七八年では東部太平洋赤道付近の海水温が高かった。

エルニーニョ現象が発生すると、地球全体に気候変動が発生する。東部太平洋赤道付近の海水温が最も

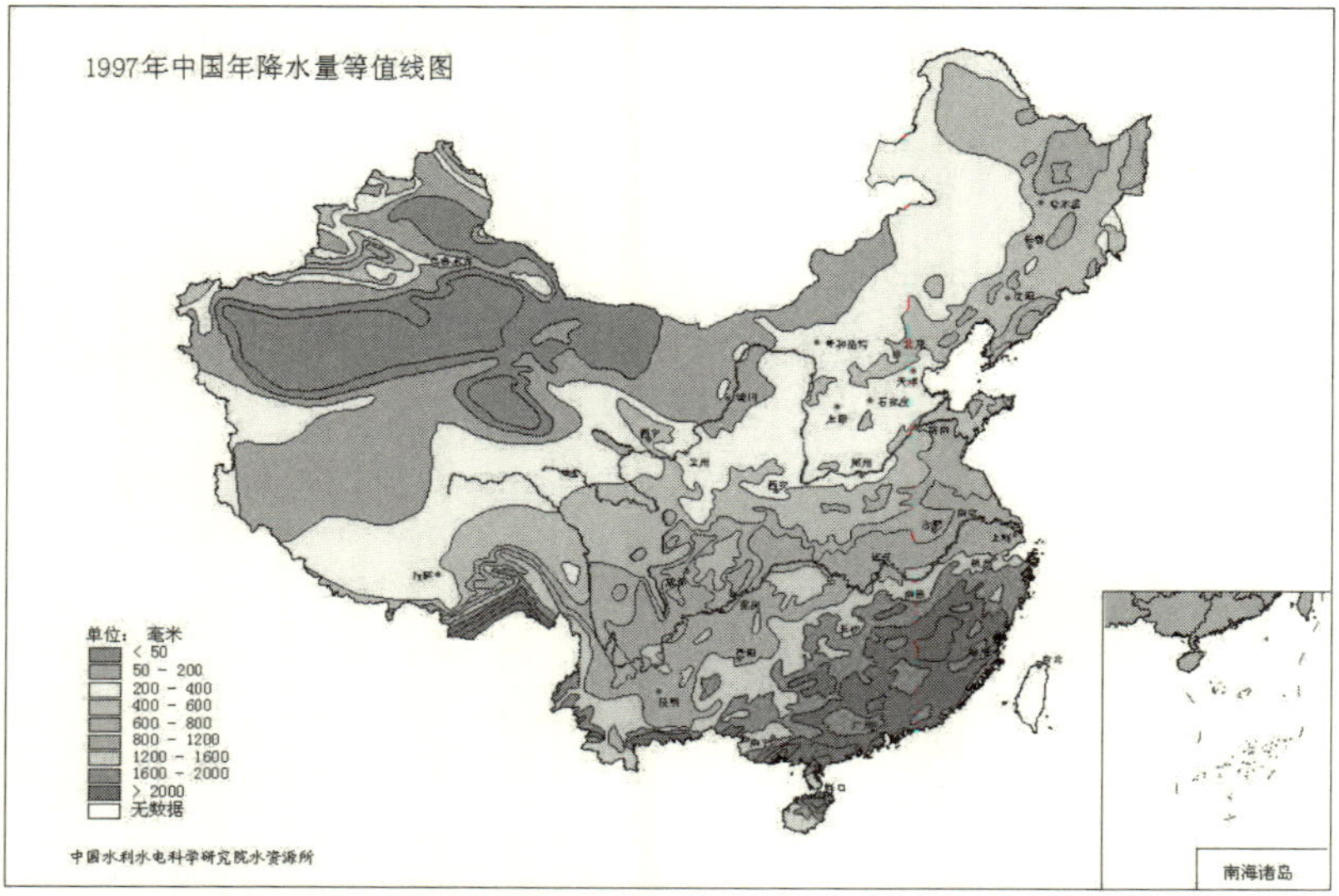

図２　1997 年中国国内年降水量分布図

（出所）『1997 年中国年降水量分図』8624 戸外運動総合平台。
http://www.8264.com/ditu/5252.htm、2019/5/23 閲覧。

高い場合、大気の循環は中部太平洋地域で東西に分かれて循環することになり、東太平洋沿岸では豪雨が発生し始める。インドネシア、オーストラリア東岸では、水温が通常より低いことと東風が弱くなることが重なり、降水量は減少する。東アジアにおいては、亜熱帯高圧が赤道一帯の温水により勢力を強め、西に突出するようになるが北上は弱まり[29]、中国江南地域では広範囲で豪雨が発生する一方、華北では雨天が少なくなり、降水量が大幅に減少することになるのである。

エルニーニョ現象発生時の華北の降水量

丁戊飢饉が発生したときの降水量に関する史料は未だ発見されていない。だが、一九九七年にもエルニーニョ現象が発生しており、華北では丁戊飢饉時と類似した範囲で激しい旱魃が発生している。本稿ではこの年の降水量を参考す

表3－1　1996と97年の華北の代表的大都市の年間降水量（上段が97年）

都市	1月	2月	3月	4月	5月	6月	7月	8月	9月	10月	11月	12月	降水量mm
北京	4.9	0.0	10.6	17.4	41.5	35.5	139.8	83.2	44.1	43.0	2.1	8.8	430.9
	0.2	0.0	11.0	6.2	1.8	55.1	307.4	250.0	32.9	30.8	2.6	2.9	700.9
天津	8.0	10.4	15.5	5.6	21.8	52.3	69.6	55.1	102.9	11.7	17.0	8.2	378.1
	2.0			4.6	21.8	89.8	96.1	180.7	36.5	36.4	3.6	0.6	472.1
石家庄	0.4	8.8	48.6	18.2	20.5	32.3	65.5	57.3	46.7	2.2	15.4	12.9	328.8
	2.5	0.2	4.8	30.1	9.5	65.8	388.7	542.7	19.0	31.7	2.0	0.1	1097.1
太原	0.2	7.1	39.1	17.2	1.9	9.8	114.7	14.1	29.5	5.0	9.2	0.0	247.8
	1.3	0.8	9.2	39.8	62.3	85.2	180.5	225.5	9.8	28.6	9.0	0.0	652.0
済南	0.4	15.9	29.0	27.5	93.6	4.6	121.5	148.1	102.3	26.3	39.4	9.5	618.1
	0.3	0.0	14.3	10.6	12.9	174.0	417.9	157.1	7.7	35.6	3.4	0.2	834.0
青島	2.0	15.0	15.4	31.7	38.1	10.2	20.7	212.6	7.7	2.5	80.2	28.2	464.3
	14.0	0.0	32.9	44.4	1.9	187.0	140.0	120.6	19.8	151.4	21.0	16.4	749.6
鄭州	7.7	13.6	42.2	28.7	73.6	19.2	14.6	33.5	77.9	2.3	37.1	4.5	354.9
	1.0	17.7	13.7	35.1	17.6	15.3	133.5	186.7	126.6	49.5	31.6		628.3
西安	9.6	13.6	25.9	54.3	17.2	11.7	91.9	4.3	84.0	17.0	31.5	0.7	361.7
	6.1	6.3	36.2	18.2	31.2	78.0	176.8	92.2	124.1	74.6	69.7	0.0	713.4

（出所）『1996/97年中国主要都市降水量』統計年鑑分享平台座、https://www.yearbookchina.com/navipage-n2005120325000015.html、2019/9/23、一部修正。

ることにしている。この年中国以外の地域では、アフリカ大陸、マレーシア、インドネシア、ブラジルで激しい旱魃が発生している。これ以前の年では一九六五、六八、七二年にエルニーニョ現象が発生していたが、同じく華北でも旱魃が発生した。

図2は、一九九七年の全国平均降水量を表したものである。表3—1は、上段に九七年の華北の代表的大都市の年間降水量を、下段にエルニーニョ現象が発生していない九六年の降水量を示している。一九九七年の華北では、山東省と河南省の一部を除き、内モンゴルと同程度の降水量しかなかった。河北省に属する北京と天津の降水量は、本章第一節第二項で紹介した河北省の

平均降水量と比較するとそれほど差異は見られない。しかし、それでもこの値は通常降水量の六割弱のものである。

一九九七年は夏季以外の月の降水量も少なく、華北で栽培されている農作物に深刻な水不足をもたらした。

三、エルニーニョ現象の作物に与える影響

華北で栽培されている農作物の特徴

一九世紀、華北で栽培されていた穀物は小麦、高粱（コーリャン）、粟であり、人々の主要なカロリー源となっていた。高粱と粟は風味が良くなく現在は主食とされていないが、いずれも旱魃に強い穀物であるため、当時は大変重要視されていた。小麦は旱魃にそれほど強くないが、風味が良く、加工も容易なため人々に好まれて栽培されていた。明代末からは、玉蜀黍（トウモロコシ）と蕃薯（サツマイモ）等南米大陸から渡来した作物が栽培され始め、人々の重要な糧の一つとなっている。表3―2は当時の農作物のカロリーと蛋白質について、民衆が一年間に摂取する割合を示したものである。[30]

陝西省では、乾隆帝統治時期に山地が多い省南部地帯で玉蜀黍の栽培が進み、一部地域では主要作物になったが、[31]丁戊飢饉の被害が大きい地域では小麦と高粱の栽培が主要であった。[32]山東省は万暦帝時代の県志で小麦、粟、黍等が主に栽培されていると記載されている。[33]

表３－２　各作物が住民の一年において摂取するカロリーと蛋白質に占める割合

河北省塩山県（対象 808 人、1922 年）

	カロリー％	蛋白質％
高粱	31.4	21.2
粟	25.3	22.2
玉蜀黍	22.4	13.6
大豆	13.8	34.3
小麦	4.1	3.6

河南省新鄭県（対象 1029 人、1923 年）

	カロリー％	蛋白質％
小麦	37.9	38.4
高粱	14.1	11.1
粟	13.3	13.6
玉蜀黍	11.3	9.2
薩摩芋	11.2	5.1

安徽省宿県（対象 2058 人、1924 年）

	カロリー％	蛋白質％
高粱	30.9	16.0
小麦	21.3	21.1
薩摩芋	19.9	8.7
エンドウ	16.5	30.7
大麦	6.9	2.9

（表出所）卜凱　張履鸞訳（2015）「中国農家経済」山西人民出版社。

表３－３　各作物が 1914 年の山西省農産物産出量に占める割合

農作物	総重量（斤）
粟	24.0％
小麦	12.5％
高粱	6.3％

（出所）東亜同文会（1920）「支那省別全志（第 17 巻山西省）」東亜同文会編纂発行、332-393 頁。

小麦は紀元前一七五〇〜一五〇〇年の夏王朝時代から、既に華北で栽培が進められていたと推測されている。小麦は年に二回栽培される。秋播き小麦は、九月下旬から一〇月下旬にかけて播種が行われ、翌年の六月下旬から七月上旬に収穫される。生育に必要とする日数はおおよそ二七〇日であり、華北で栽培する場合四〇〇〜五八〇㎜の水量が必要である。種蒔後七〇〜八〇日で越冬期に入るが、この期間に全生育期に必要とする水量の一二〜一五％程度を消費する。一一〜一二月になると発育はほぼ止まり、越冬期に入る。越冬期に消費する水分量は五〜八％である。二月中旬に入ると発育を再開するが、四月中旬までの間は最も気候の影響を受けやすい。この期間に必要水量の一五〜二〇％が消費される。その後発育はさらに盛んになり、次の三〇〜三五日間に二五〜二八％の水量が消費され、分けつし始める。穂が実り収穫できるまでの残り四〇〜四五日間には三五〜四〇％の水量が消費される。春播き小麦は四月中旬の清明節から五月中旬にかけ播種が行われ、七月中旬から八月下旬に収穫が行われる。一〇〇日をかけて生育し、一カ月で株の分けつ期に入り、二〇日をかけ開花し、さらに五〇日間を経て成熟する。必要水量は二九〇〜五〇〇㎜であり、各成長期にそれぞれ二二・五、二七・五、五〇％が必要である。

小麦は株が育ち分かれる時と、穂が実る時に多くの水量を必要とする。雨量が足りないと成長する株と穂が少なくなり、小麦の粒も痩せ細ることになる。また秋播き小麦は越冬後に大雨に遭うと穂倒れしやすく、その影響が全体の三〇〜四〇％に及ぶこともある。

原産地アフリカの高粱は、少なくとも漢代後の南北朝時期に一部地域で栽培されていたと考えられている。高粱は旱魃、大雨等の自然災害に対して強い抵抗性をもつ。華北で高粱が必要とする水量は三八〇〜

五〇〇㎜である。

華北では五月に播種が行われ、生育に必要とする日数は一〇〇～一五〇日である。播種後の三〇日間は苗期であり、この間必要水量の一〇～一五％を消費する。その後分けつ期に入り三〇～四〇日間を必要とする。分けつを終えると一〇～一五日の開花期に入り、受粉後に実が膨らみ三〇～四〇日で成熟する。分けつ期から開花期までの間に必要水量の三五～四三％が必要であり、開花後成熟に至るまでは四二～五五％を消費する。分けつ期から開花期の間の旱魃は、収穫に極めて大きな影響を与える。雨が続くと根腐れが誘発される。[34] 開花後に旱魃に襲われても、収穫に影響はあまり出ない。高粱の連作は深刻な減産と虫害を引き起こす。

粟の栽培は小麦と同じく年二回行われる。華北では四月末から五月上旬と、六月中旬に播種が行われ、それぞれ九月中旬と一〇月上中旬に収穫を迎える。種類にもよるが春粟は生育に通常一〇〇～一三五日を必要とし、夏粟は七〇～一〇〇日が必要である。粟が必要とする水量は平均四三一・七㎜である。播種後、分けつ期に入るまで春播き粟は四五～五五日、夏播き粟は二二～三〇日を必要とする。この間に必要水量の二〇％が消費される。その後開花期に至るまで春粟は三〇～四〇日、夏粟は二〇～三〇日を必要とする。この期間は特に水が必要であり、生育に必要とする水量の五〇～七〇％が消費される。開花から成熟に至る日数は、春粟で四〇～六〇日、夏粟は四〇～五〇日であるが、この期間に必要とする水量は三〇％程度である。分けつに入るまで粟は少ない水量でも育ち、むしろある程度の旱魃は根の発育を促す作用がある。

作物に与えた影響

小麦[35]、高粱[36]、粟の消費水量[37]と、華北五省の中心都市の旱魃時降水量と通常時降水量を検討した。旱魃時の降水量は一九九七年、通常時の降水量は一九九六年のデータを用いた。エルニーニョ現象が発生した一九九七年は、各都市で降水量の減少が認められ、作物が生育に必要とする水量に全く達していない。降水量の減少は激しい乾燥状態を引き起こしている。そのためエルニーニョ現象によって旱魃が発生した時、農作物は極度の水不足に陥りやすく、灌漑など人工的な給水を行わなければ、収穫に大きな被害が発生するのである。

華北は、エルニーニョ現象がない年でも降水量は不安定である。現地では主に井戸を掘り地下水を汲み上げることにより、不足しがちな水を補充している。しかし、地下水は降水によって補給されるものであるため、水分蒸発量が多い華北では水源が乏しい。旱魃時にはその供給自体が少なくなり、地上の蒸発指数も高くなるため、地中へ浸透する量は一層減少することになる。二〇一四年の河南省新野地区では、旱魃により地域全体の井戸の水位が低下したことが報告されている。

今年の新野は旱魃が続き、河、池は枯れ、樹木と農作物の多くが死んでしまった。現在皆収穫を守るために昼夜を問わず井戸をさらに深く掘り地下水を汲み上げているが、地下水はさらに減少してしまい……現在飲み水にも困っている。聞くところによると鴨河（耕作・生活用としての水源）の水も少なくなっており、（灌漑用としての）水は放出できないとのことである。[38]

この状況は華北の地下水源が少ないことを証明するものである。丁戊飢饉は一八七五年から旱魃が発生し、降水量が特に少ない山西省と陝西省では四年間も続いた。そのため現地の地下水は枯渇し降水量の減少も重なり、農作物には甚大な被害が発生することになったのである。

河からの灌漑も現地では行われている。しかしその水量は地域全体の農業にとっては不十分であり、一九九七年には黄河が一時断流したこともある。

このようにエルニーニョ現象は華北に通常より激しい旱魃をもたらし、現地の元々脆弱であった農耕環境をさらに悪化させた。農作物には甚大な被害が発生し、食糧不足と穀物価格の暴騰を招き、各地で飢饉が発生するに至った。

注

1 鄧雲特（二〇一一）前掲書、四九頁。総計五二五八回の災害の内、旱魃によるものが一〇七四、水害によるものが一〇五八、次いで、地震七〇五、雹害五五〇、風害五一八、蝗害四八二となっている。

2 鄧雲特は自身が使用した参考文献を明らかにしていない。もし地方志や政府官員の報告書等を合わせるとその数はさらに大きくなったに違いない。
3 何漢威（一九八〇）前掲書、一五頁。
4 一〇斗＝一石、一両は地域により異なり、当時一六〇〇～二〇〇〇文の域で変動していた。何漢威（一九八〇）前掲書、一五頁。
5 何漢威（一九八〇）前掲書、一六‐二二頁。
6 何漢威（一九八〇）前掲書、二五頁。
7 何漢威（一九八〇）前掲書、二七‐二九頁。
8 何漢威（一九八〇）前掲書、三一頁。
9 記録は二〇世紀初めのものである。
10 鄧雲特（二〇一一）前掲書、六六頁。
11 主に河南省南部と山東省中部を指す。
12 程方（二〇一〇）「清代山東農業発展与民生研究」博士学位論文、天津市：南開大学、二四頁。
13 「河北省二〇一六年度气候公報告」（百度文庫に保管されているpdf）。https://wenku.baidu.com/view/3a53787cb5daa58da0116c175f0e7cd184251892.html　2019/5/23閲覧。
14 「河南省気候的基本特徴」、（百度文庫に保管されているpdf）。https://wenku.baidu.com/view/2bd20833102de2bd970588c3.html?fr=search-4　2019/5/23閲覧。
15 東亜同文会（一九二〇）「支那省別全志（第一七巻　山西省）」東亜同文会編纂発行、一八頁。
16 武暁林（二〇〇五）「山西省年降水量規律分析」科技情報開発与経済、第一五巻　第一期、一二八頁。
17 東亜同文会（一九二〇）「支那省別全志（第七巻　陝西省）」東亜同文会編纂発行、二二頁。
18 李斌（二〇一八）「陝西省降雨何径流変化特征及旱涝事件応対研究」博士学位論文、広東省：西南理工大学、五頁。
19 李克譲・徐淑英・郭其蘊等（一九九〇）「華北平原旱涝気候」科学出版社。
20 柴人杰（年代不明）「我国季風气候何季風雨五大特点」科普長廊、四七頁。
21 李克譲等（一九九〇）前掲書、一五六頁。

22 李克譲等（一九九〇）前掲書、一五六頁。

23 李克譲等（一九九〇）前掲書、一五六頁。

24 藏恒範　王紹武（一九九一）前掲書。

25 一八七五-七六年は南方振動が発生した。

26 曾早早　方修琦　叶瑜　張学珍　蕭凌波（二〇〇九）「中国近三〇〇年来三次大旱灾的灾情及原因較」灾害学　第二四巻　第二期。

27 前兆としてインド洋に位置する気圧の上昇、太平洋中央と東部の海上気圧が下がること等が発生することがある。

28 東部太平洋赤道付近型以外に中部太平洋赤道付近型、混合型がある。

29 この時夏季モンスーンも弱まる傾向がある。

30 一九二〇年代における中国の農業は丁戊飢饉当時の技術水準とそれほど変化がないため、その数値は丁戊飢饉時と大差ないものだと判断した。

31 羅雅楠（二〇一七）「清代陝西農作物空間分布研究」修士学位論文、陝西省：陝西師範大学、二七頁。

32 「西安府志」（乾隆四四年）第一巻 http://www.xianzhidaquan.com/ 2019/10/3 にダウンロード。

33 「莱州府志」（万暦三二年）、「沂州志」（万暦三六年）、「墨県志」（万暦九年）、「福山県志」（万暦四六年）、http://www.xianzhidaquan.com/ 2019/10/5 にダウンロード。

34 李君霞（年代不明）「高粱生産技術」河南省農業科学院粮作所（ＰＰＴ）。

35 秋小麦は必要水量四九四・九㎜、生育期は七月から一〇月としている。春播き小麦は必要水量四〇〇㎜、生育期間は五月一五日から八月一五日である。各月の必要水量は本文で説明した数値の平均値である。他の穀物の各月水量もこのように算出した。なお月は三〇日で統一し、小数点以下一位は切り捨てている。

36 高粱は必要水量四四〇㎜、生育期は五月から九月である。

37 粟の必要水量は四三一・七㎜、生育期は五月から九月一五日と六月一五日から一〇月である。分けつ期から開花期に至る消費水量は五〇%としている。

38 「新野貼吧」百度貼吧（https://tieba.baidu.com/p/206527371?red_tag=2077318715）、2019/10/20 閲覧。

第四章　丁戊飢饉を深刻化させた諸要因

一、水害と蝗害

主な被害地域

丁戊飢饉時には水害と蝗害も各地で発生しており、被害を甚大化させた。水害と蝗害は食糧生産に直接打撃を与える他、疫病をも発生させた。政府によって行われていた災害対策と災害時の措置には大きな問題があり、被害を抑えるどころか、むしろ悪化させていた。丁戊飢饉時の水害と蝗害を引き起こした最も主要な原因は、[1]急激な人口増加による自然破壊であった。

丁戊飢饉時に水害が発生し深刻な災害をもたらした河は、一八七五年は河北の永定河、山東省の黄河、七六年は河北の大清河、滹沱河等西北の山地から流れている河、七八年では河北の永定河、河南省の沁川、山東の黄河、七九年では直隷運河と滹沱河である。このうち特に大きな被害をもたらしたのは、黄河と永定河である。

黄河は一八五五年に堤防が決壊し、下流域に住む人々が山東省へと移動するということが発生していた。そのため山東、河北、河南の三省は二〇世紀に入り、堤防が再建され流域が定まるまで連年深刻な水害が起きていた。永定河は河北省内で最も流域面積が広く、長い河である。永定河は元代から氾濫と堤防の決壊が頻発し、丁戊飢饉が発生する八年前にも大規模な決壊があり、その後毎年氾濫が発生していた。

七五年に黄河で発生した水害は山東省の三三州に被害をもたらし、河北省の永定河の水害は北京と保定間の地帯で特に大きかった。記録によると浸水は保定城北面まで及び、水は馬の腰の高さまであったという。[2] 七六年の水害は秋雨によって引き起こされ、被害は広範囲に及んだ。被害地域は河北省北部の懐慶、衛輝、彰徳府である。[3] 七八年の永定河の氾濫は文安地域を浸水させ田畑の流出を招き、[4] 沁川の氾濫は衛輝府に大きな被害をもたらした。[5] そして、七九年に河北省で発生した水害による被害は特に甚大であり、その被害地域は六八州県に達し、田畑と多くの民衆が水に流され、作物は壊滅したと記録されている。[6]

蝗害が発生した地域と年代は表4―1に示しているが、被害が特に甚大な地域は安徽省と江蘇省である。

発生の原因

黄河と永定河のいずれも、その中流は黄土高原に位置している。現地の地質は脆く植生が乏しいことから、毎年大量の土砂が下流に運搬されている。そのため下流は土砂が堆積することにより川床が上昇し続けており、堤防は絶えず嵩上げする必要がある。その結果天井川と化しており、堤防に問題が発生すると

表４－１　丁戊飢饉中華北で発生した蝗害

年代	発生季節	主要発生地域	災害レベル
1875	夏、秋	北京、河北省	３級
1876	夏	河北、山東、河南、安徽と江蘇省の一部地域	３級
1877	夏、秋	河北、河南、安徽、江蘇省	４級
1878	秋	霊州	１級
1879	夏、秋	河南、安徽、江蘇省	３級

（出所）章義和（2008）「中国蝗灾史」安徽人民出版社、92-93 頁を一部抜粋。

大きな被害が発生するのである。このような状態に対処するには、川床を頻繁にさらい、堆積した土砂を除去するほか、流域の植生を改善することが必要であり、清代では関連する業務を行う専門の官職が存在していた。しかし一八世紀半ばは腐敗の蔓延と戦乱の頻発により、治水関連の業務の効率は大変低下していた。乾隆帝の時代に人口が大きく増加したこともあり、黄土高原地帯は極めて無計画に開発され、元々良くなかった現地の植生は大きく悪化し、土砂の流出も極めて激しくなっていた。[7] そのため治水に使用される予算は毎年増加し、その額は年間予算の三分の一にも達していたが、[8] その多くは横領されていた。ある治水工事では五、六〇〇〇万両の経費の内の九割が官員に着服されたと記録されている。[9] 林則徐が一八三一年に東黄河の堤防を視察したとき、使用されている材料の品質、種類に数多くの問題が発見され、堤防の工法も劣悪で空洞さえあった。[10]

　蝗害は主に群生相化したトノサマバッタによって引き起こされる。表４－１[11]が示しているように丁戊飢饉時には多くの省で深刻な被害が発生していた。トノサマバッタの成虫は普通警戒心が強く単独生活（孤独相）を送るのだが、生育環境の急激な変化等により幼虫時高密度で生息した場合、相変異が生じる。これを群生相と呼ぶ。小型化し、翅が大きく、また翅を動かす筋肉も強くなる。体色は黒化し、気質が変化し、群集行動を厭わなくなる。集合した群生相がさらに密集した状態で産卵した結果、数千万、数億の大群集となる。旱魃は産卵とふ化に好適な地面を増やし大繁殖をさらに助長する。気性が激しく飛翔能力が高くなった膨大な群生相が生まれることになる。群生相は、食欲が格段に旺盛になっており、一日で自身の体重と同じ程度の植物を食べることができる。一生で一五〇gの食糧を食い尽くす。

丁戊飢饉時に安徽省と江蘇省で発生した蝗災の状況は、柯悟遅の「漏网喁魚集」にその詳細が記録されている。

（旧暦）五月一二日私は蘇州に向かい始めた。一五、六日の夜に蝗が飛び去るのを見た……。六月七日には天を覆うほど大量の蝗が突然飛来して来た。地上に落ちるや否や瞬く間に麦や稲の穂を食い尽くした。ある木綿の木には蝗が休息しているが、あまりにも多くの蝗が乗っていたため、重みに耐え兼ねた枝が時折折れている。四、五日後、蝗は繁殖し始め卵を産んだ後、忽然とどこかに去っていった。七、八日後、卵が孵ったがその数は頗る多く、田地が黒く染まるほどである。……これにより葉が生え戻ってきた玉蜀黍や稲もまた改めて食い尽くされ、遂に枯れ果てた。豆の花や木綿の若葉も同じ状態である。……派遣された新しい役人は任官すると、直ぐ人々に田畑に深い溝を掘り落ちた蝗を殺すよう命令した。そのおかげで大量の蝗が駆除されたが、一部は他所へと飛んで逃げて行った。地域全体の平均では未だ四〇～五〇％の収穫があるとされるが、現在飢饉を訴える地域は多い……。[12]

歴史上、蝗害が最も多く発生した省は河北、山東、河南の三省であり、黄河付近の地域に集中している。[13] 現地の地質と気候及び河の流域の生態系悪化による水害の多発化が原因であり、その中でも地質による影響が大きい。

黄河付近の地域の土質はトノサマバッタの生息に非常に適しており、相変異を引き起こしやすい。トノサマバッタは主にイネ科植物が疎らに生えている土壌で生息し、丈の高い草が密集している草原や森林地帯を好まない。黄河付近の土地は風と河により運ばれた黄土が混ざっているが、黄土は細粒性で石英などの鉱物を多く含んでいるため、土壌の通気性は悪く草が育ちにくい。現地で頻繁に発生する洪水は植生を悪化させるとともに、点々とした小さな草場を発生させる。乾燥した気候は泥水状態の土地を急速に砂土へと変化させるため、バッタが集中して生育することを促している。

二、急激な人口増加とその影響

開墾と植生の悪化

歴史上、華北は大規模な戦乱が度々発生したこともあり、植生は他地域に比べ悪く、そして清朝時の人口の急激な増加が一層の悪化をもたらした。一八五〇年の中国の人口は一六五〇年代に比べ三億人も増加し、増産のため各地で自然・生態系を無視した開墾が行われていた。その結果、河南省一帯は、森林が一七〇〇年には全土の六・三%を占めていたが、道光帝の時代（一八二一〜五〇年）には二%まで低下した。[14] 山東省は一九四九年の時点で一五・七八万㎢の省面積に対し、約三〇万㎡の森林しか残っていなかった。黄土高原地帯では一九四九年の森林面積は全地域の三%しか占めていない。[15]

乱開発を可能にしたのは玉蜀黍（トウモロコシ）、蕃薯（サツマイモ）に代表される新大陸の作物の普及であった。特に玉蜀黍は旱魃と寒さに比較的強く、地中深くまで根を伸ばし傾斜の激しい山地や、小石交じりの土地でも育ち、さらに多様な利用方法があるため人々に好んで植えられた。光緒一九（一八九三）年に書かれた四川省の「巫山県志」では、玉蜀黍はそれまで稲作ができなかった山地でよく育ち、その後、毎年数千石の収穫をもたらしたとの記録が残っている。[16] 呉慧の研究によると、当時玉蜀黍の輪作が行われている耕地では、北方地域では従来に比べ二三・七五%、南方では二八・三三%の増産をもたらし、[17] 蕃薯の輪作が行われている耕地では北方では五〇%、南方では八六・三三%の増産ができたという。[18]

しかし、山地で行われた開墾は土砂流出を促し、平野部の洪水を頻発させたため、山間区での開墾を禁止する「棚民保甲法」が清代前期末頃から各地で布告され始めた。その内、浙江省で発布された「棚民保甲法」にはその理由が詳細に説明されていた。

浙江省の各山では昔から棚民（山にて流浪する人々）が家を建て開墾をし、玉蜀黍、蕃薯、藍等の作物を栽培していた。その結果人々はますます増加した……。だが、雨が降ると山間部の砂や石が水と一緒に流れ、河や渠を詰まらせ、平地一帯の作物に大きな被害を発生させた。棚民と平野部の住民の間には騒乱が起こっている。……現在山地に住んでいるものは他所に移住させてはならないが、保甲清冊を作り現地の(山地)地図を作ることを命じる。その後は他省の人が(山に)入ることは禁じる。……特に玉蜀黍の栽培は厳禁である。[19]

「棚民保甲法」と似たような法律は各地で頻繁に発布されたが、溢れ出る人口に対処する代替案がなかったので効果は乏しかった。平野部では河の両岸近くにまで開墾が行われ、湖まで水田化された。これにより現地の土壌の吸水能力は著しく低下し、深刻な浸水が頻繁に発生するようになった。結果水害による被害地域は益々広範囲に広がり、地盤沈下も引き起こされるようになった。被害はさらに深刻化していったのである。[20]その代表的な例は河北省の永定河である。西晋の時代では河は大変清く清水河と呼ばれていたが、元代以降首都が北京に移り宮殿工事等により、流域一帯で乱伐と開墾が行われた結果、流出する土砂により河は黄色く濁り、浸水と氾濫が頻繁化した。そのため人々に無定河と呼ばれるようになった。[21]

マルサスの罠の発生

大規模な開墾と新作物の栽培の結果、中国の総食糧生産量は大きく増加した。しかし人口増加の速度には追いつけず、一人当たりの食糧量は減少していた。当時の学者であった汪士鋒はこの状況を憂いて以下のような文章を書き記している。

現在山頂にまで粟黍が植えられ、田を作るため川洲は開墾され、野原の老木は切られ、洞窟には竹が植えられている。しかしこのように天地の力を使い尽くしてもなお食糧は足りない。これこそ大量の人口がもたらした害悪である。……糠秕（穀物の殻・皮）、野菜や果実等を代用することにより、食物を倹約しても民衆は自らを養うことができず、（貧民に食べられたため）各地の草木は減少し消滅している。事ここに至り、万策尽きた。……溢れ出た人口は、目下空いた土地はもはやないので農業に従事させることはできず、何かしらの産業に従事させせようにも国内にはもはやこれ以上の需要はない。……一畝の田は一人の農民、一つの店は数人（しか雇えぬのに）、現在は百の農民に一畝の田を耕させ、一店に千人を雇わせようとしている。とても可能なことではない。[22]

当時の食糧生産が人口増加に間に合わず、人々が貧困化したことは多くの学者によって証明されている。何清漣は彭信威の「中国貨幣史」に記載されている清代の米価表を研究し、一七七〇年以降米価は上昇し続け、最大で四倍まで上昇していたことを明らかにした。[23]図3は呉慧、史志宏、郭松義等の研究者が統計した、歴代の一人当たりの食糧量とその変化を表したものである。数値は各作物の栽培面積とその産量を計算することにより算出されており、その情報は主に官製史料を源としている。何れの研究者も一人当たりの食糧量は、一九世紀に入ると減少し始めていると結論している。[24]

以上の研究等から曹樹基等の学者は、[25]一九世紀半ばの中国は既にマルサスの罠に陥っており、それが

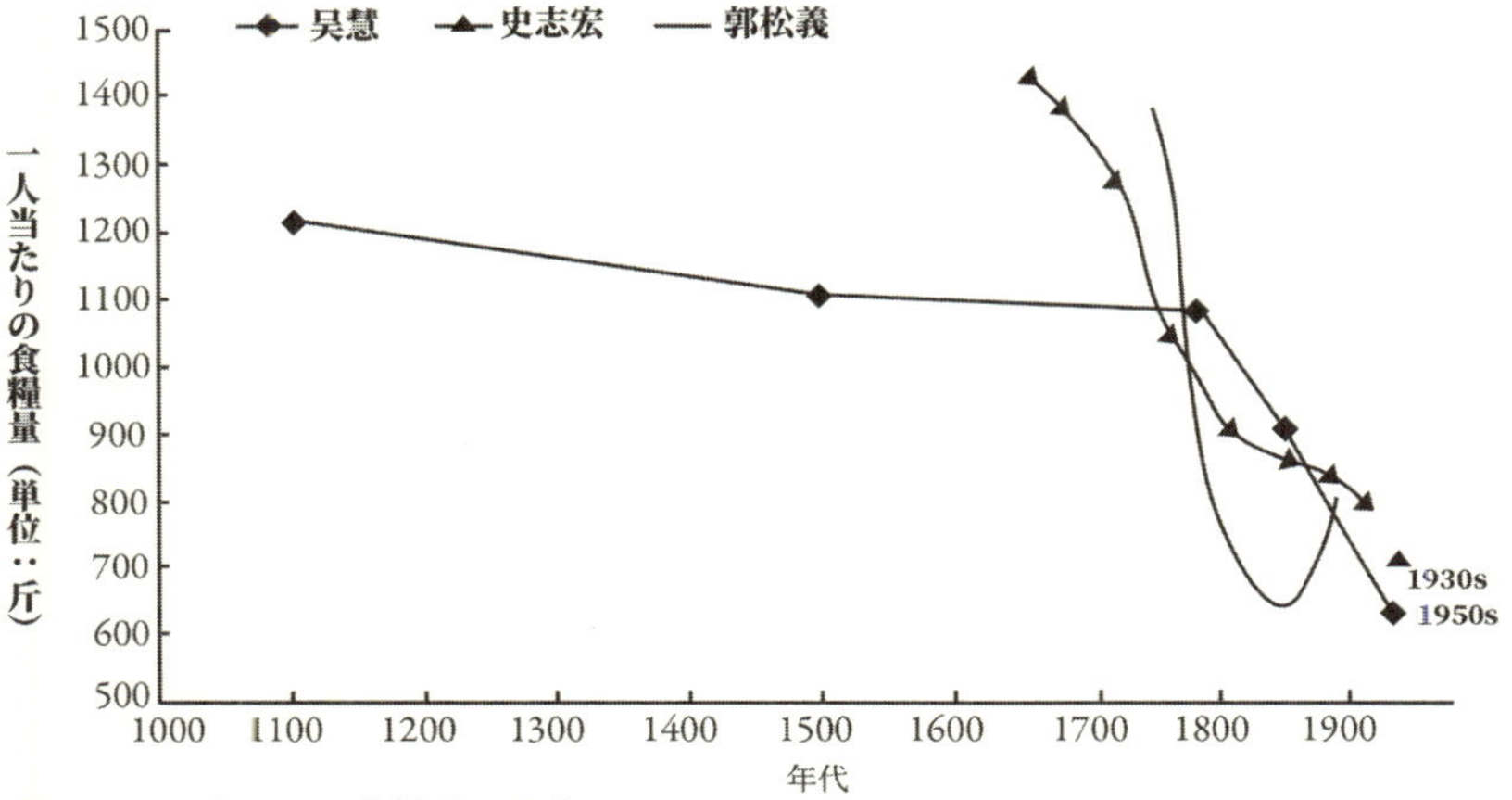

図３　一人当たりの食糧量の変化

（出所）彭凱翔（2015）「人口増長下的糧食生産与経済発展－由史志宏研究員的清代農業産出測算談起」40頁を一部修正。食糧量における食糧とは未加工の穀物を指している。

その後の戦乱を引き起こし、自然災害と共に莫大な死者を発生させたとしている。しかし序章で説明したように、当時はマルサスの罠に陥っていなかったと主張する学者や、マルサスの罠に陥っていたとしても災害や被害の甚大化には繋がらなかった、と考える学者も少なからず存在している。そもそも過去の中国の土地面積や食糧量の単位は各地で差異があり、田畑で数種類の作物が栽培されていることもあるため、数値の正確性を実証することが難しいのである。

　何清漣の研究については、国内の平均価格を算出するとき、災害時の価格も使用しているため、算出した数値が実際より高い可能性がある。また米価のインフレーションを考慮していない。呉慧においては、一九世紀以前の一人当たりが占める食糧量が、二〇世紀後半時より高いとする研究結果を図3の出所と同じ論文に記載している[26]。その研究には、二〇世紀以降も一人当たりの食糧量は低水準を維持していると書かれているが、その期間の人口が低水準ながらも増加していることについては説明されていない。

しかし一七四〇年代から八〇年代にかけて農業技術に大きな革新は起きておらず、農業用地の増加率も低かったことから、[27] 一人当たりの食糧量が一時期減少したことは間違いない。それゆえ人口増加による食糧減少は、被害が大規模化した原因の一つである。

三、政治腐敗とその影響

治水工事と蝗害対策

政治腐敗は丁戊飢饉で発生した自然災害の規模を拡大させたのみならず、救助活動の効率の低下をも招いた。政治腐敗は乾隆帝統治（一七三五〜九六年）後期から現れ始め、道光帝統治（一八二〇〜五〇年）末期には社会の至る所で見られるようになっていた。それにより行政は混乱し災害対策は有名無実化していた。

災害対策において特に腐敗が集中した所は、治水関連の業務を担う部門である。治水工事は必要経費が甚大であると同時に、必要とされる官員が多い部門である。そのため腐敗が発生しやすく、清朝後期には行政効率は著しく低下し、経費と人員がさらに増加するという悪循環に陥っていた。必要経費は本章第一節で説明したように、清朝の統治後半では年予算の三分の一にまで達していた。三七の部門があり、文官、武官合わせて数百人、万を超える兵と数千人の労働者が属していた。康熙帝統治（一六六一〜一七二二年）

時代における経費は予算の五％しか占めておらず、[28] 設置された部門数も一〇しかなかった。腐敗行為は主に経費の横領、必要経費の虚偽報告、劣化した工事材料の使用等があった。

本章の第一節でも説明したが、当時官員による経費の横領額は極めて大きく、手段も大胆であった。組織ぐるみで行われており、道光帝時の両江総督であった李星沅によると、各庁に与えられた経費は治水工事が行われる前に、内部のほぼ全ての官員と派遣された官員に加え、駐在している軍人に横領され、その後各自の赴くままに使用されていたという。[29] 清朝後期の学者であった欧陽昱も「見聞瑣録・河員侵呑」でその状況を記録しているが、それによると経費は官職の高いものから順番にピン撥ねされ、[30] 一〇〇両の経費の場合最後は二〇両しか残らないとのことであった。[31]

必要経費の虚偽報告とは、被災程度を誇張し必要救済物資をより多く申請するか、工事材料に関する材料費を高く見積もることを指す。いずれも通常必要とされる経費の倍が申請され、特に悪質な事例ではその価格は五-六倍にもなっていた。一七七四年の八月に黄河の老壩口で発生した決壊修理では、通常一〇万両以内で行える修理に対し五〇万両を現場が要求しており、[32] 材料も五〇〇gにつき一文にすぎない茎、藁の値段を五、六倍の高さに報告したうえ、経費を使用せず、民衆から強制徴収していた。[33]

劣化した工事材料の使用についてだが、当時堤防を築く時には主に穀物の茎や藁が用いられ、それは農民から購入することになっていたが、その代わりに腐り軟らかくなった物や草、樹の枝等で代用する行為を指している。土の中に繋ぎの役目を果たす茎や藁がないため、穴が開いた場合直ぐにそこから決壊が発生し、災害が引き起こされていた。[34] 劣化材料が使用されるとき、往々にして手抜き工事も同時に行われていた。一八八七年、鄭下汛の堤防で穴が発見され、その後決壊が発生し周辺が大きな被害を受けたことがあった。しかし災害後の調査で、穴が発見された時官員は適切な処置を行わず、ただ枝木を入れその上から土砂を適当に被せ、完工したように見せかけたことが明らかになった。そして検査を誤魔化すため、堤防内の土を掘りその土を堤防上に被せることも行われており、労働者の賃金は通常の五分の一しかないことも判明した。[35]

清朝中期から水害はますます頻繁に発生するようになった。一七世紀で一八四回発生し、一八世紀では二〇三回、一九世紀では四一四回にまで達した。[36] 水害はインフラの破壊と農業の大きな衰退をもたらし、丁戊飢饉による災害をより深刻化した。

一方、蝗害対策では、治水工事のような露骨な腐敗行為は少なかった。必要経費が比較的少ないのが主要因である。蝗害対策で行われた代表的な腐敗行為は、災害時の職務怠慢である。蝗害は官員の指揮がなくても、それなりの知識がある住民がいれば一時的な対処はできた。しかし適切な官員の指揮がないと混乱が鎮まらず、災害が甚大化し蔓延する恐れもあった。一八七七年では河北省の一部地域で蝗災が発生したが、地方官員が対処を怠ったため被害が深刻化したということがあった。[37]

防災物資

中国では頻発する自然災害に備えるため、食糧を備蓄することが周の時代から行われていた。しかし物資を横流しするか、経費を横領することも度々発生していた。清代では政府により設けられた常平倉と民

表４－２　1784年に規定された一部の省（主に丁戊飢饉が発生した省）の食糧備蓄額

山東省	2,959,386石
河北省	2,154,525石
河南省	2,310,999石
山西省	1,315,837石
陝西省	2,733,000石
安徽省	1,884,000石
江蘇省	1,528,000石

（出所）康竹沛（2002）「災荒与晩清政治」北京大学出版社、75頁の一部の抜粋により作成した。

間による民倉（社倉とも呼ぶ）に、食糧を備蓄することになっていた。両者とも役割は同じであり、食糧価格の維持の役割も担っていた。[38]

常平倉は各省の州県に必ず設けることが命令されており、維持管理は現地の官員に任されていた。表４―２は丁戊飢饉が発生した省の、平時の必要食糧備蓄額を示したものである。これは一七八四年に規定されたものである。

清政府は一七二七年に常平倉に関連する法案を発布し、機能の維持に腐心していた。制度は抜け穴が見つかる度に改定され、それは国内が混乱し始めた道光帝の時代でも変わらず行われていた。しかしながら国内の混乱は止まらず、制度も遂に崩壊し始める。道光帝末期（一八四〇年以降）には、本来数十年分の備蓄があるはずの首都北京の倉ですら、僅か一年分の食糧しかない状態であった。[39] 一八四〇年以降は国内動乱により、各地の常平倉は破壊されるか破棄されていったが、特に太平天国運動と回民反乱が発生した主要地域ではその傾向が顕著であった。監督と管理が疎かになってゆくにつれ、官員の腐敗行為も多発し、輪をかけて悪質になってゆく。倉に備蓄してある食糧の横流し、転売、食糧購入用の金銭の横領、虚偽報告等は日常茶飯事であった。監督官が派遣された場合、会計上の穴を埋めるため現地の富豪から食糧を借りるか、強制的に徴収することも行われていた。[40] このような行為の結果、全国の常平倉の備蓄食糧は年々減少し、一八六〇年の備蓄食糧は合計で五二三万石まで落ち込み、清朝末期の一九〇八年に至っては三四八万石しか残存していなかった。[41]

民間による民倉も同様な問題が発生していた。民倉の管理は現地の有力者に任されていたが、彼らによる横領も当然発生していた。官員が民倉の食糧を徴収し常平倉の会計上の穴を埋めることもあり、[42] 民倉の備蓄食糧も常平倉と同じくその量の欠損は大変大きかった。

このような問題による弊害は丁戊飢饉時に集中して現れた。丁戊飢饉は大量の餓死者を発生させたが、各州県に設置されていた倉に規定されていた食糧があれば、その被害も抑えられていたはずであった。災害時河南県は規定として九五万石の食糧の備蓄があったはずだが、巡撫である李鶴年は既に食糧がないと政府に訴え、省外からの移入を申請していた。そのため中央政府の機関である戸部から問責された。[43] 山西巡撫の曽国荃は、山西省の九郡一〇州に設置されている各種倉に一〇〇万石余りの食糧があり、外部からの救援物資が到来するまで民衆の支えになっていると中央に報告していた。[44] しかし山西省で発生した餓死者は丁戊飢饉で最も多く、また全国合計備蓄食糧の内の五分の一が、[45] 農業が盛んでない山西省で備蓄されるのは不可能である。曽国荃が何故このような見え透いた嘘を報告したのかは不明である。これは虚偽報告が常習化されていたことを意味している。

災害の隠ぺい

清代では自然災害が発生したとき、その被害状況を迅速に政府に報告することが法律により規定されていた。官員が報告を怠った場合、官位の降格か罰金が科せられた。しかし管理区域内で自然災害が発生することは、その担当官員の業績評価に響く上、監察官に自身の不法行為が露見する恐れがあるため、災害を隠ぺいすることがよく行われていた。官員が自身の私腹を肥やすために、災害を隠ぺいすることもあった。災害時には現地の徴税を減免する規則があったからである。丁戊飢饉が発生した二年前、河北省と山西省の多くの地域で干害が発生したが、一部地域の官員が平時と同水準の徴税を行ったとの記録が存在している。[46]金銭が足りない場合、民衆は家財道具や家族を売り払うことを官員に強制させられていた。

丁戊飢饉時には被災地域の多くで災害の隠ぺいが行われ、それは主に山西省に集中していた。例えば汾州府に属する介休、平遥県はその府内において被害が最も甚大な地域であったが、一八七六年の現地の被害状況は現地の官員により隠ぺいされ、政府には異状なしと報告されていた。[47]一八七六〜七七年の河南省の衛輝府は地方官僚である藩司劉斉銜の命令により徴税が通常通り行われ、減税が行われた地域は極一部であった。[48]災害が隠ぺいされた地域は、往々にして救援物資の到来が遅れ、被害は甚大化した。そこでの民衆の生活状況は悲惨そのものであった。罰則が比較的軽かったことも、違法行為を助長していた。[49]

四、結論

丁戊飢饉時に発生した水害と蝗害は、人為的に誘発された側面が大きい。水害は後にコレラやチフスなどの霍乱を代表とする疫病をも引き起こし、民衆の苦難は頂点に達する。

官僚の腐敗に対して、当時の政府は決して傍観していなかった。「大清律例」、「大清会典」、「戸部則例」等には災害対策に関連する法律と、それに対する違反行為に対しての罰則が系統的に制定されていた。法律には災害時に行われる官員の給与、被災程度の調査方法、救済方法、災害後の政策等があり、当時の欧米諸国の法律に勝るとも劣らないほどであった。それが有名無実化したのは、広大な国土面積がもたらす管理の困難さと、アヘン戦争後の国力低下に伴う統治能力の衰退が主な原因である。仮定ではあるが、アヘン戦争後の諸外国列強による莫大な賠償金と、太平天国運動に代表される内乱が発生せず中央財政が健全であれば、防災物資はより豊富に備蓄されており、被害も減少していたであろう。

本章で説明した腐敗行為は災害の被害をより深刻化させ、李鴻章を代表とする責任感をもつ官僚や[50]、民衆による救済活動の効果を著しく低下させた[51]。災害後腐敗はより深刻になっていき、清朝は丁戊飢饉の三三年後遂に滅亡することになる。

注

1 一九世紀半からの水害と蝗害も同じ要因によるものである。
2 李文海等（一九九〇）前掲書、三四二頁。
3 水利水電科学研究院（一九八一）前掲書、中華書籍、四八〇頁。
4 鉛印版（一九八七）「清代徳宗実録」中華書局、八八巻。
5 鉛印版（一九八七）「清代徳宗実録」、八〇巻。
6 李文海等（一九九〇）前掲書、四〇七頁。
7 賈国静（二〇〇九）「天灾還是人禍？—黄河銅瓦厢改道原因研究述論」開封大学学報　第二三巻　第二期、二七頁。
8 康沛竹（二〇〇二）「灾荒与晩清政治」、二六頁。
9 康沛竹（二〇〇二）前掲書、二七頁。
10 康沛竹（二〇〇二）前掲書、三三頁。
11 災害レベル1級は、蝗害が発生したものの、発生地点が分散しており被災範囲が狭く収穫に大きな影響を与えなかったことを意味する。3級は発生地点が集中しており被災範囲も広く、収穫には50－80％の被害が出たことを意味する。4級は蝗が強い飛行性を持ち、被災範囲が特に広く、収穫には80－100％の被害が出たことを意味している。
12 李文海等（一九九〇）前掲書、三七八頁。
13 章義和（二〇〇八）「中国蝗灾史」安徽人民出版社、一八五頁。
14 徐海亮（一九八八）「歴代中州森林変迁」中国農史、一〇八頁。
15 張連偉（二〇一二）「中国古代森林変迁史研究総述」農業考古、二一四頁。
16 鄭南（二〇一一）「从玉米番薯馬鈴薯的伝入看外来農作物伝入対中国社会的影响」杭州亜州食学論壇、四三四頁。
17 吴慧（一九八五）「中国歴代粮食畝産研究」農業出版社、一八五頁。
18 吴慧（一九八五）前掲書、一八六－一八七頁。
19 張鑑輯（一九八九）「清史資料」「雷塘庵主弟子記」第二巻、北京中華書局、一七七頁。

20 何清漣（一九八八）前掲書、六七-六八頁。
21 氾濫が起こらないようにとの願いから、後に人々は改めて永定河との名を付けた。
22 鉛印版　汪士鋒（一九三六）「汪悔翁乙丙日記」第三巻。
23 何清漣（一九八八）前掲書、五五頁。
24 彭凱翔（二〇一五）「人口増長下的糧食生産与経済発展—由史志宏研究員的清代農業産出測算談起」中国経済史研究　第五期、三九-四〇頁。
25 その他、代表的な学者には何炳棣、羅爾綱、曹樹基、呉慧等があげられる。
26 彭凱翔（二〇一五）前掲書、四一-四二頁。
27 梁方仲（二〇〇八）前掲書。
28 王振忠（一九九四）「河政与清代社会」湖北省：湖北大学学法（哲学社会科学版）、三九頁。
29 王振忠（一九九四）前掲書、四〇頁。
30 一例として、河督から河道、河丁、師爺、書办、胥役の順番に行われていた。
31 王振忠（一九九四）前掲書、四〇頁。
32 王振忠（一九九四）前掲書、四五頁。
33 康竹沛（二〇〇二）前掲書、三二頁。
34 金詩燦（二〇一二）「清代中期的河工弊政及其治理」華北水利水電学院学報、二一頁。
35 王振忠（一九九四）前掲書、四二頁。
36 鄧雲特（二〇一一）前掲書、五〇-五一頁。
37 鉛印版「清代徳宗実録」（一九八七）前掲書、五四巻。
38 凶作時食糧価格は高騰するので、市場価格より低い値段で倉から食糧が放出される。一方豊作時には食糧を買い取り倉に収めることにより、価格の低迷を防ぎ農民の損失を減らすことを目的としている。
39 魏源（現代版編纂者、賀長齢）（一九八九）「皇朝経世文編続編」国立台湾大学、巻四三、盧政一五、倉蓄、四五七五頁。
40 康竹沛（二〇〇二）前掲書、八三頁。

41 張岩（一九九三）「試論清代的常平倉制度」清史研究 第四期。

42 コピー版（二〇一六）「皇朝政典類纂」一五三巻、倉庫一三、積貯。

43 康竹沛（二〇〇二）前掲書、八六頁。

44 孫紹騁（二〇〇五）「中国救災制度研究」商務印書館、八九-九〇頁。

45 ここでの全国合計備蓄食糧は前文で説明した一八六〇年の数値を指す。

46 申報、前掲リンク、一一、五〇一頁。

47 鉛印版「清代徳宗実録」（一九八七）前掲書、四四巻。

48 康竹沛（二〇〇二）前掲書、五九頁。

49 楊明（二〇一五）「荒法律制度研究」中国政法大学出版社、一一二頁。

50 当時李鴻章が行った救済政策を扱った論文には姚珍の「李鴻章与〝丁戊奇荒〟」等がある。姚珍（二〇〇八）「李鴻章与〝丁戊奇荒〟」修士学位論文、河南省：河南大学。

51 「大清会典」には救貧院や孤児のための養育施設の設立に関する法があり、州県の地方官員に任されていたが、清中期以降財政困窮により民間による慈善活動の重要性が増してゆく。

終章　内容の補足と丁戊飢饉の意義と教訓について

一、死者数と官僚の腐敗について

丁戊飢饉の死者数及び清朝後期の人口に関する研究は、今日に至るまで絶えず新しい方法が考案されているが、（主に使用した史料の正確性の問題により）未だに心服できる数値は算出されていない。近年張鑫敏が人口統計制度そのものに着目し、編纂時に使用される史料を検証することにより、統計そのものの信用性を検証する研究を行った。張はその研究で、地方志や清実録等にある統計数値は、保甲制度によって算出された数値を元にしており、それを転載する過程で編纂ミスが発生していたことを証明した。しかし史料そのものの問題性を指摘するにとどまり、数値を修正して算出するまでには至っていない。

人口を算出するとき、人口調査に関する史料以外に使用できる資料には、食塩に代表される生活用品や、郵便記録の数値等がある。食塩は生活必需品であると同時に、平均使用量がほぼ固定していることから、その使用量から人口を割り出すことができ、中華民国時には関連の研究が既に行われていた。郵便記録の数値から人口を割り出す研究は、基督教中華続行委辦会（China Continuation Committee）が行ったものが有名である。これらの人口数と関数関係がある数値は、人口調査により算出された数値と比較することにより、互いの史料の正確性をさらに踏み込んで検証し、より正確な数値を算出することができる。それゆえ今後関連の研究が期待されるが、正確性を高めるために、研究対象の年代の社会情勢を絶えず考慮し、変動を修正する必要があり、そのつど増加する史料をさらに検証する必要がある。その作業内容の膨大さゆえに、現在に至っても関連の研究は行われておらず、恐らく国または機構の指揮下、一プロジェクトとして多人数で進めなければ、到底行えないものであると思われる。

今後の災害被害者数に関する研究は、さらなる史料批判が必要とされると同時に、研究する時代で発生した社会事情にさらに注意を払い、その影響を算出することが求められる。そのため現在まで行われていた、ただ自身の主張を裏付ける過去の文献を探し出し、それを直接引用、もしくは使用する研究は廃れねばならない。そして作業負担の削減のため、分野は違っても研究方向は同じ研究者どうしが互いに協力しあう必要がある。また大量の史料を集めて解析するにあたり、ビッグデータを処理できる技術の使用も考慮されるべきであろう。

現在、過去の文献記録がデータ化し研究が容易になったこともあり、当時悪徳な行為を働いていた官僚の情報がより明確になっている。「李鴻章与直隶荒政」、「李鴻章与丁戊奇荒」、「李鴻章的河務実践及其歴史教訓」等には、災害時不法行為を働いた官僚の事案とその処罰が詳しく書かれている。これらの論文は皆、当時の首席官僚であった李鴻章の災害対策と措置の効能を認めている。ただ彼も当時の縁故主義からは逃れえず、その効能には限度があったとも書いている。[1]

二、丁戊飢饉の意義と教訓について

残念ながら本稿では丁戊飢饉がもたらした影響が考察されていない。災害は清朝政府の主要統治地区である華北の経済を大きく損ない、相対的に江南の重要性を高めた。江南の全ての省はその後の辛亥革命を支持し、その沿海地域は現在に至るまで経済の中心地となっている。華北の没落と江南の地位上昇に関する研究は、丁戊飢饉による被害程度をより明らかにするものである。また災害によって発生した流民の多くは東北三省に移住し、一部は内モンゴルにも赴いた。東北三省は元々漢族の移住が厳しく制限されていたが、帝政ロシアの侵略を防ぐために徐々に解禁され、二〇世紀初めごろには移住を防ぐものは消滅していた。丁戊飢饉のような広範囲の大規模な災害は、東北三省の発展と深い関係があり、関連の研究は、初期移住者が築いた社会と各都市の歴史をより明瞭化するものでもある。

本稿では主にマクロ面から丁戊飢饉の発生と蔓延の原因を説明したが、何故当時の官員のモラルが極度に低下し、民衆が無為無策であったのかという、ミクロ面に対しては考察が行われていない。類稀な長期間の旱害といえども、これほどまでの大災害に発展するには、当時の技術水準や社会制度の問題のみならず、人々の道徳的退廃とモラルの低下が大きく影響している。災害時、各地の余剰食糧は尽き、腐敗が行政を蝕んでいたが、そもそも何故問題がここまで膨れ上がり、何十年もの間解決、改善されなかったのであろうか。この問題は当時の中国人民全員に責任がある。何故なら当時の一般人は官員の腐敗や不法行為に対し、自身に影響を及ぼさない限り見て見ぬふりをして関与を避け、知識人は仁義道徳を叩き込まれても不正をただそうとはせず、富者は蓄えた金銭を弱者や社会のためには一銭も使おうとしなかったのである。[2] もちろんこれは全ての人間に当てはまることではないが、社会は自浄作用を失っており、人々の間の愛は冷えていた。このような状態で災害が発生した場合、如何なる思いやりと相互扶助が生まれようか。そして災害後も同じような状況であり、貧困とその恐れが人々を一層卑しくした。

丁戊飢饉後、中国国内で災害の原因を調べ、再発を防ごうとするものは、極一部の官員と知識人にとどまり、彼らの多くはその後政治闘争に没頭していった。貧富の格差はより拡大し、富裕層は貧困層を搾り取り、貧困層は互いに苦しめあっていた。[3] 国内の混乱と戦禍のせいで、多数の死者を発生させる災害は毎年各地で発生し、そのうち一九〇七年の自然災害は江蘇省と中国中部で大きな被害を発生させ、一九二八～三〇年の西北・華北の大飢饉は三〇〇万人の死者を発生させ、一九四一年から四三年河南省で発生した旱魃は三〇〇～五〇〇万人の死者を発生させた。

中華人民共和国設立後今日までに発生した大規模な災害は、一九五九～六二年の所謂〝大躍進〟時期の大飢饉、文化大革命時の災害があるが、前者は推定一五〇〇～五五〇〇万人以上の死者を発生させ、後者にいたってはその真相すら隠されたままである。[4]

現在の中国では、一九四九年以前の災害について自由な研究が許され、多くの論文が発表されている。

しかし、それ以降の災害は研究が強く制限され、政府としては臭い物に蓋をする態度をもって意図的に無視している。過去の歴史事件の経過のみに着目し、その内容と性質は現在と無関係、と見なすのは極めて無責任で大きな間違いである。歴史上の全ての出来事は皆社会の影響を受け、その原因も社会の性質と深く関係している。それ故類似した外的条件が揃い、災難の恐怖と不和を上回る人間愛と社会善がなければ、同様の災難は何度も発生するであろう。ネロのキリスト教徒大迫害は、一九三三年のドイツ国会議事堂炎上事件後の、国内の反対勢力とユダヤ人への常軌を逸する迫害として、改めて姿を現し、秦の始皇帝の焚書坑儒と土木工事に伴う諸国の人民の強制移住は、文化大革命時にその規模と悲惨さをより巨大化して蘇った。

　輝かしい経済成長に隠れがちだが、現在国内では依然月収が一〇〇〇元以下の民衆が六億人もおり、富は極一部の富裕層に集中している。私が住んでいる地区の近くには外国語学校があり、下校時には英語を流暢に喋る子供たちが走り回っているが、幹線道路を一つ跨いだ開発中の地区では、農村からの日焼けした出稼ぎ労働者が屋台で一膳五元（約八九円）の簡素な食事を急いで食べ、簡素なプレハブ住居に戻るか、あるいは次の仕事現場に向かって行く。しかし、都市建設に大きな貢献を果たしている彼らが地下鉄等の公共交通機関に乗ると、多くの人々は彼らの風貌を白い目で見つめるのである。

　科学技術の発展により食糧生産は倍増し、近年紛争地域と貧困国を除いて、飢饉はおろか食糧不足も遠いものとなっている。しかし、清朝の国力が絶頂にあった一八世紀に誰が、その後半世紀で国家が内乱と災害にまみれ、諸外国の侵略に対して白旗を上げるしかなくなると予測したであろうか。将来世界中で極めて極端な気候変動が国内騒乱時に発生し、丁戊飢饉と類似した社会現象に人々が直面した場合、人々が恥も外聞も投げ捨て少ない資源を奪い取る、弱肉強食の社会を形成しないと断言できるであろうか。

現代の人々は、丁戊飢饉から政治腐敗の危険とそれに対する警戒や、過度の人口増加の問題等を学び取るかもしれないが、最も重要なのは災害を恐れ、その再発を防ぐことにある。災害による二〇〇〇万人もの死者は、当時の社会が最早人々を導けないほどに困窮し、正義が消え失せ、人々は来世への希望を抱くにも至らぬほどに絶望し、末世の有様であったことを証明するものである。その死者の内には、自身が人生で犯した罪悪に死んで当然の者も少なからずいる。しかし、その死者は今冥界にて我らにこう叫んでいるのである。即ち、「我らの過ちを再び犯すな、我ら同じ地獄が再び地上で見られることを望まず」と。これこそが丁戊飢饉の永遠の意義であり、血で固められた教訓でもある。それを意識から消却し、他人にも意識からの消却を勧めるものには同じ、否、より重い禍が下るであろう。

注

1　石佳（二〇〇六）「李鴻章与直隶荒政」修士学位論文、河南省：河北師範大学、姚珍（二〇〇八）「李鴻章与丁戊奇荒」修士学位論文、河南省：河南大学、王显成（二〇〇二）「李鴻章的河務実践及其歴史教訓」江淮論壇。

2　当時の中国における最大の財閥である山西の晋商は、災害時とその後に多額の私財を投じた。災害時には多くの寄付が各地から寄せられ、皆が皆無関心を決め込んだわけではなかった。ただ二〇〇〇万人もの死者発生の事実の前では、その寄付が十分だったとは到底言えないであろう。

3　貧困層から強制徴用された兵士が同じ貧困層の民衆を苦しめ、大都市でのスラムや苦力が攻撃しあう等、関連の光景は各地で広がっていた。

4　文化大革命時の貧困層の困窮は、現在中国では小説や映像文献等にて僅かに残されている。ノーベル文学賞を受賞した莫言の小説にもそれが記載されているが、そのせいで近年彼は恥を国外に晒した民族の裏切り者として、少なからぬ人々に批判されている。

5　約米一五六ドルで、日本円では一万七七三八円である（二〇二一年一〇月二八日午前レート）。

参考文献

（中国語文献・書籍）

卜凱　張履鸞訳（二〇一五）「中国農家経済」山西人民出版社

曹樹基（二〇〇五）「中国人口史、第五巻下」復旦大学出版

鄧雲特（二〇一一）「中国救荒史」商務印書館

顧廷竜　戴逸（二〇〇八）「李鴻章全集」合肥教育出版社

何炳棣　葛剣雄訳（二〇〇〇）「明初已降人口及其相关問題：一三六八～一九五三」三連書店

何漢威（一九八〇）「光緒初年（一八七六－七九）華北的大旱災」中文大学出版

何清漣（一九八八）「人口：中国的懸剣」四川人民出版社

侯楊方（二〇〇一）「中国人口史、第六巻」復旦大学出版社

稷山県県志編纂委員会（一九九四）「稷山県志」新華出版社

姜涛（一九九三）「中国近代人口史」浙江人民出版社

康沛竹（二〇〇二）「灾荒与晩清政治」北京大学出版社

李伯重（二〇〇七）「江南農業的発展（一六二〇～一八五〇）」上海古籍出版社

李克譲　徐淑英　郭其蘊等（一九九〇）「華北平原旱涝气候」科学出版社

李提摩太著　李憲堂　侯林莉訳（二〇〇五）「親歴晩清四五年―李提摩太在華回憶録」天津人民出版社

李文海　程歗　刘仰東　夏明方（一九九四）「中国近代十大灾荒」上海人民出版

李文海　林郭叁　周源　宮明（一九九〇）「近代中国灾荒紀年」湖南教育出版社

李文治編（一九五七）「中国近代農業史資料」第一巻

李文治編（一九五七）「中国近代農業史資料」第二巻

梁方仲（二〇〇八）「中国歴代戸口田地天賦統計」（梁方仲文集）、中華書局

梁小進（二〇〇八）「曾国荃集」岳麓書社、第一册

鉛印版「清代徳宗実録」（一九八七）、中華書局、八八巻

鉛印版　汪士鋒（一九三六）「汪悔翁乙丙日記」
水利水電科学研究院（一九八一）「清代海河灤河洪澇档案資料」中華書籍
孫紹騁（二〇〇五）「中国救災制度研究」商務印書館
宋正海（一九九二）「中国古代重大自然災害和異常年表総集」広東教育出版社
譚徐明（二〇一三）「清代干旱档案史料」中国書籍出版社
魏源（現代版編纂者：賀長齢）（一九八九）「皇朝経世文編続編」国立台湾大学、巻四三
呉慧（一九八五）「中国歴代粮食畝産研究」農業出版社
楊明（二〇一五）「荒法律制度研究」中国政法大学出版社
張鑑輯（一九八九）「清史資料」「雷塘庵主弟子記」、北京中華書局
章義和（二〇〇八）「中国蝗灾史」安徽人民出版社
張兆合　博伝臣　王洪軍　李春峰（二〇一一）「農作物栽培学」中国農業科学技術出版社
趙爾巽等（一九七六）「清史稿」中華書局出版
馬札亜爾著　陳代青　彭桂秋訳（二〇一五）「中国農村経済研究」山西人民出版社
コピー版（二〇一六）「皇朝政典類纂」一五三巻

（中国語文献・論文）

柴人杰（年代不明）「我国季風气候何季風雨五大特点」科普長廊
程方（二〇一〇）「清代山東農業発展与民生研究」博士学位論文、天津市：南開大学
曾早早　方修琦　叶瑜　張学珍　蕭凌波（二〇〇九）「中国近三〇〇年来三次大旱灾的灾情及原因較」灾害学第二四巻　第二期
単麗（二〇一七）「从方志看中国霍乱大流行的次数（兼談霍乱首次大流行的近代意义）」中国歴史地理論丛　第三二巻　第一輯
董伝岭（二〇〇四）「晩清山東的自然灾害与郷村社会」修士学位論文、山東省：山東師範大学

董伝岭（二〇〇九）「晩清山東的旱灾」蘭州学刊総第一八九期
董伝岭　張思（二〇〇九）「晩清山東的官賑救荒」史学集刊　第二期
段然（二〇一一）「晩清灾荒中的乞丐問題—以丁戊奇荒为中心的考察」修士学位論文、河北省：河北師範大学
馮金牛　高洪兴（二〇〇〇）「〝盛宣懐〟档案中的中国近代灾賑史料」清史研究　第三期
谷文峰　郭文佳（一九九二）「清代荒政弊端初探」黄淮学刊（社会科学版）、第四期
韓暁彤（二〇一八）「清代河南慈善机构研究—以养濟院、普濟堂为例」修士学位論文、河南省：鄭州大学
賈国静（二〇〇九）「天灾還是人禍？—黄河銅瓦廂改道原因研究述論」開封大学学報　第二三卷　第二期
金麾（二〇〇五）「清代人类活動対森林的破坏」修士学位論文、北京：北京林業大学
金詩燦（二〇一二）「清代中期的河工弊政及其治理」華北水利水電学院学報
康沛竹（年代不明）「清代倉蓄制度的衰敗与飢荒」中国人民大学清史所
李冰（二〇一一）「中原大飢荒与郷村社会」修士学位論文、安徽省：安徽師範大学
李斌（二〇一八）「陝西省降雨何径流変化特征及旱涝事件応対研究」博士学位論文、広東省：西南理工大学
刘仁団（二〇〇〇）「光緒初年大旱灾対北方人口的影响」修士学位論文、上海市：复旦大学
羅雅楠（二〇一七）「清代陝西農作物空間分布研究」修士学位論文、陝西省：陝西師範大学
呂美頤（一九九五）「論清代賑灾制度中的弊端与防弊措施」河南省：鄭州大学学報（哲学社会科学版）第四期
彭凱翔（二〇一五）「人口増長下的糧食生産与経済発展—由史志宏研究員的清代農業産出測算談起」中国経済史研究　第五期
銭宁（年代不明）「一八五五年銅瓦廂决口以后黄河下游歴史演変過程中的若干問題」黄河史研究、北京：清華大学
濬蕊璐（二〇一八）「新型厄爾尼諾与伝統厄尔尼諾対气候的影响総述」現代農業科技　第一四期
王金香（一九九一）「光緒初年北方五省灾荒述略」山西師大学報（社会科学版）、第一八卷　第四期
王思明（二〇一八）「外来作物如何影響中国人的生活」中国農史
王士達（一九三一）「近代中国人口的估計」〈社会科学雑誌〉第二卷　第一期
王業鍵　黄瑩珏（一九九九）「清代中国气候変迁、自然灾害与粮价的初步考察」中国経済史研究

王振忠（一九九四）「河政与清代社会」湖北省：湖北大学学法（哲学社会科学版）
温震軍　趙景波（二〇一七）「丁戊奇荒背景下的山西生態系統劇変及社会影响」社会科学　第二期
呉榜蓓（二〇〇八）「旱魃為虐、善与人同―「申報」有关丁戊奇荒的報道研究」修士学位論文、上海市：華東師範大学
呉慧（一九九三）「清前期粮食的畝産量人均占有量和労働生産率」中国経済誌研究　第一期
武暁林（二〇〇五）「山西省年降水量規律分析」科技情報開発与経済、第一五巻　第一期
徐海亮（一九八八）「歴代中州森林変迁」中国農史
姚珍（二〇〇八）「李鴻章与　丁戊奇荒」修士学位論文、河南省：河南大学
藏恒範　王紹武（一九九一）「一八五四-一九八七年期間的埃尔尼諾与反埃尔尼諾事件」海洋学報　第一三巻　第一期
張高臣（二〇一〇）「光緒朝一八七五-一九〇八灾荒研究」博士学位論文、山東省：山東大学
張連偉（二〇一二）「中国古代森林変迁史研究総述」農業考古
張岩（一九九三）「試論清代的常平倉制度」清史研究　第四期
鄭南（二〇一一）「从玉米番薯馬鈴薯的伝入看外来農作物伝入対中国社会的影响」杭州亜州食学論壇

（日本語文献・書籍）

東亜同文会（一九二〇）「支那省別全志（第四巻　山東省）」東亜同文会編纂発行
東亜同文会（一九二〇）「支那省別全志（第七巻　陝西省）」東亜同文会編纂発行
東亜同文会（一九二〇）「支那省別全志（第八巻　河南省）」東亜同文会編纂発行
東亜同文会（一九二〇）「支那省別全志（第一七巻　山西省）」東亜同文会編纂発行

（Web Site 参考文献）

http://cpc.people.com.cn/ n1/2020/0528/c64094-31727942.html　（2020/3/1 閲覧）人民网、中国共産党新聞
https://tieba.baidu.com/p/3206527371?red_tag=2077318715　（2019/10/20 閲覧）「新野貼吧」百度貼吧
http://www.pdf001.com/baokan/_minguo/601.html　2019/10/11（申報影印本ダウンロード版）

http://jssdfz.jiangsu.gov.cn/szbook/slsz/rkz/D9/D1J.HTM （2019/5/9 閲覧）「戸籍与人口管理」
https://wenku.baidu.com/view/3a53787cb5daa58da0116c175f0e7cd184251892.html（2019/5/23 閲覧）「河北省 2016 年度气候公報告」百度文庫から
https://wenku.baidu.com/view/2bd20833102de2bd970588c3.html?fr=search （2019/5/25 閲覧）「河南省気候的基本特徴」百度文庫から
http://www.8264.com/ditu/5252.htm （2019/5/23 閲覧）8624 戸外運動総合平台『1997 年中国年降水量分図』
https://www.yearbookchina.com/navipage-n2005120325000015.html （2019/5/23 閲覧）統計年鑑分享平台座『1996/97 年中国主要都市降水量』
http://www.xianzhidaquan.com/ 2019/10/3 ダウンロード「西安府志」（乾隆44年）第一巻
http://www.xianzhidaquan.com/ 2019/10/5 ダウンロード「莱州府志」（万暦32年）、「沂州志」（万暦36年）、「墨県志」（万暦9年）、「福山県志」（万暦46年）

（外国語文献）

Timothy Richard（年不明），“Forty-Five Years in China”（電子書籍）

謝辞

本書の出版にあたり、図書出版南方新社向原祥隆社長、鹿児島国際大学康上賢淑教授、福岡西南学院大学韓景旭教授に感謝を申し上げます。

■著者紹介

高　京博（GAO JINGBO）

1991 年東京都生まれ。別名高炅平 (GAO JIONGPING)。

2023 年、福岡西南学院大学大学院修士修了。現在、同大学院博士後期課程在学中。専門は国際文化比較研究。中日社会・経済を歴史的比較研究、宗教の比較的研究を課題にしている。

研究業績：2016 年 10 月「中日間に於ける食品料ビジネスの実務」『東アジアの福祉・産業国際学術会議論文集』。2017 年 12 月「ビッグデータ時代における中国ビジネスの新動向」『東アジアの福祉・産業国際学術会議論文集』。2018 年 2 月「中国キリスト教会が＜自治・自養・自伝＞を提唱した歴史的背景」『国際文化論叢』32 巻 2 号。2018 年 7 月「中国改革開放最前線上海での輸入通関における問題点について」『世界平和と地域経済社会の創出国際会議論文集』。2019 年 2 月「ビッグデータ技術と中国食材商業界の品質管理」『亜東経済国際学会研究叢書』。ほか多数。

趣味は、歴史研究、音楽鑑賞、読書、絵画。

知られざる中国の大飢饉　丁戊飢饉

二〇二五年四月二十日　第一刷発行

著　者　高　京博
発行者　向原祥隆
発行所　株式会社南方新社
〒八九二―〇八七三
鹿児島市下田町二九二―一
電話〇九九―二四八―五四五五
振替口座〇二〇七〇―三―二七九二九

印刷製本　シナノ書籍印刷株式会社
定価はカバーに印刷しています
乱丁・落丁はお取替えします
ISBN978-4-86124-539-8 C0022